JN061832

コンパクトシリーズ　数学

複素関数

河村哲也　著

インデックス出版

Preface

大学で理工系を選ぶみなさんは、おそらく高校の時は数学が得意だったのではないでしょうか。本シリーズは高校の時には数学が得意だったけれども大学で不得意になってしまった方々を主な読者と想定し、数学を再度得意になっていただくことを意図しています。それとともに、大学に入って分厚い教科書が並んでいるのを見て尻込みしてしまった方を対象に、今後道に迷わないように早い段階で道案内をしておきたいという意図もあります。

数学は積み重ねの学問ですので、ある部分でつまずいてしまうと先に進めなくなるという性格をもっています。そのため分厚い本を読んでいて、枝葉末節にこだわると読み終えないうちに嫌になるということが多々あります。このような時には思い切って先に進めばよいのですが、分厚い本だとまた引っかかる部分が出てきて、自分は数学に向かないとあきらめてしまうことになりかねません。

このようなことを避けるためには、第一段階の本、あるいは読み返す本は「できるだけ薄い」のがよいと著者は考えています。そこで本シリーズは大学の2～3年次までに学ぶ数学のテーマを扱いながらも重要な部分を抜き出し、一冊については本文は70～90頁程度（Appendixや問題解答を含めてもせいぜい100～120頁程度）になるように配慮しています。具体的には本シリーズは

微分・積分
線形代数
常微分方程式
ベクトル解析
複素関数
フーリエ解析・ラプラス変換
数値計算

の7冊からなり、ふつうの教科書や参考書ではそれぞれ200～300ページになる内容のものですが、それをわかりやすさを保ちながら凝縮しています。

なお、本シリーズは性格上、あくまで導入を目的としたものであるため、今後、数学を道具として使う可能性がある場合には、本書を読まれたあともう一度、きちんと書かれた数学書を読んでいただきたいと思います。

河村哲也

Contents

Preface ······ i

Chapter 1

複素数の関数 **1**

1.1 複素数 ······ 1
1.2 複素数の数列と級数 ······ 6
1.3 複素変数の関数 ······ 8
Problems Chapter 1 11

Chapter 2

正則関数 **12**

2.1 複素関数の微分 ······ 12
2.2 コーシー・リーマンの方程式 ······ 13
2.3 初等関数 ······ 15
Problems Chapter 2 27

Chapter 3

コーシーの積分定理 **28**

3.1 積分 ······ 28
3.2 コーシーの積分定理 ······ 32
3.3 不定積分 ······ 36
3.4 コーシーの積分公式 ······ 38
Problems Chapter 3 42

Chapter 4

関数の展開 **43**

4.1 べき級数 ······ 43
4.2 テイラー展開 ······ 45
4.3 ローラン展開と特異点の分類 ······ 51
Problems Chapter 4 57

Chapter 5
留数定理とその応用 59
5.1 留数定理 …… 59
5.2 実関数の定積分 …… 61
Problems Chapter 5 70

Appendix A
２次元ポテンシャル流れと関数論 71

Appendix B
コーシーの積分定理のグルサによる証明 80

Appendix C
問題略解 85
Chapter 1 …… 85
Chapter 2 …… 86
Chapter 3 …… 87
Chapter 4 …… 87
Chapter 5 …… 88

Chapter 1

複素数の関数

1.1 複素数

2 乗して－1 となるような仮想的な数を考え，i と表し**虚数単位**といいます．すなわち，

$$i^2 = -1 \tag{1.1.1}$$

を満たす数を考えます．仮想的な数といったのは，実数の場合には，どんな数でも 2 乗すれば正の数または 0 になり決して負にはならないからです．2 つの実数 a と b および虚数単位 i を用いて新しい数 α を

$$\alpha = a + ib \tag{1.1.2}$$

で定義します．ただし，$a = b = 0$ であれば $\alpha = 0$ とします．このように定義した α を**複素数**といいます．また a を α の**実数部**(**実部**), b を α の**虚数部**(**虚部**)といいます．さらに, 実数部が 0 の複素数 bi は $b \neq 0$ のとき**純虚数**とよびます．

α に対してその虚数部の符号を逆にした複素数を α の**共役複素数**といい，$\bar{\alpha}$ と表します．すなわち，式(1.1.2) に対して

$$\bar{\alpha} = a - ib \tag{1.1.3}$$

です．2 つの複素数の実数部と虚数部がそれぞれ別々に等しいとき 2 つの複素数は等しくなります．

2 つの複素数 $\alpha = a + ib$，$\beta = c + id$ に対する四則演算を i を文字とみなして次のように定義します．

$$\alpha + \beta = (a + c) + i(b + d) \tag{1.1.4}$$

$$\alpha - \beta = (a - c) + i(b - d) \tag{1.1.5}$$

$$\alpha\beta = (ac - bd) + i(ad + bc) \tag{1.1.6}$$

$$\frac{\beta}{\alpha}\left(= \frac{\beta\bar{\alpha}}{\alpha\bar{\alpha}}\right) = \frac{(ac + bd) + i(ad - bc)}{a^2 + b^2} \tag{1.1.7}$$

ただし i^2 を－１で置き換えています．多くの複素数の四則演算も同様に i を文字とみなして計算し，i^2 ＝－１で置き換えます．i の高次のベキも i^2 ＝－１を使って，±１または± i にします．たとえば，

$$i^3 = i^2 \times i = -i, \quad i^6 = (i^2)^3 = (-1)^3 = -1$$

のように計算しておきます．

Example 1.1.1

$\alpha = 2 + 3i$，$\beta = -3 - 4i$ のとき次の計算をしなさい．

(1) $\alpha + \beta$　(2) $\alpha - \beta$　(3) $\alpha\beta$　(4) $\dfrac{\alpha}{\beta}$　(5) $\alpha\bar{\alpha}$　(6) α^2

[Answer]

(1) $\alpha + \beta = (2 + 3i) + (-3 - 4i) = (2 - 3) + (3 - 4)i = -1 - i$

(2) $\alpha - \beta = (2 + 3i) - (-3 - 4i) = (2 + 3) + (3 + 4)i = 5 + 7i$

(3) $\alpha\beta = (2 + 3i)(-3 - 4i) = -6 + 12 + (-9 - 8)i = 6 - 17i$

(4) $$\frac{\alpha}{\beta} = \frac{2 + 3i}{-3 - 4i} = \frac{(2 + 3i)(-3 + 4i)}{(-3 - 4i)(-3 + 4i)} = \frac{(-6 - 12) + (8 - 9)i}{25}$$
$$= -\frac{18}{25} - \frac{1}{25}i$$

(5) $\alpha\bar{\alpha} = (2 + 3i)(2 - 3i) = 4 + 9 = 13$

(6) $\alpha^2 = (2 + 3i)^2 = 4 - 9 + 12i = -5 + 12i$

■複素平面

複素数は２つの実数の組なので平面上の１点と１対１対応をつけることができます．すなわち，$\alpha = a + ib$ を，x 座標が a，y 座標が b であるような点 P に対応させます（図 1.1.1）．このように複素数と対応させた平面のことを**複素平面**または**ガウス平面**とよんでいます．平面上の点は $x-y$ 座標のみならず，極座標を用いても指定できます．すなわち，点 P は，原点と点 P を結ぶ線分の長さ r および x 軸とのなす角度 θ を用いて指定することができます．

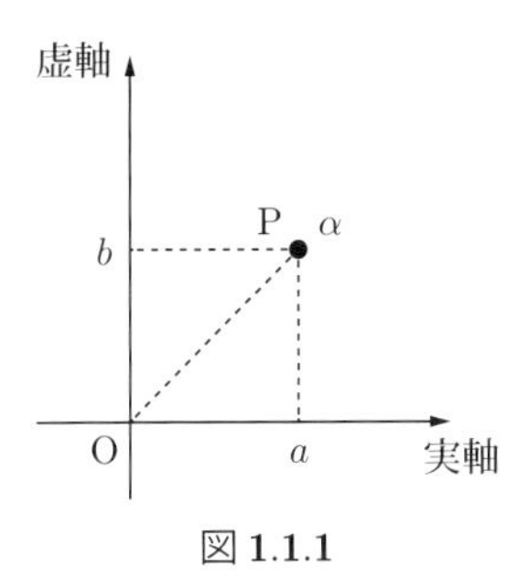

図 **1.1.1**

このとき，図 1.1.2 より

$$\alpha = a + ib = r\cos\theta + ir\sin\theta = r(\cos\theta + i\sin\theta) \tag{1.1.8}$$

となります．これを複素数の極座標表示または**極形式**といいます．ここで r, θ と a, b の間には

$$r = \sqrt{a^2 + b^2}, \quad \theta = \tan^{-1}\frac{b}{a} \quad (0 \leq \theta < 2\pi)$$

という関係があります[*1].

r のことを複素数の**絶対値**，θ のことを**偏角**といい，次の記号で表します．

$$r = |z|, \quad \theta = \arg(z)$$

ただし，偏角には 2π の不定性があります．すなわち，n を整数としたとき，偏角 θ の複素数と偏角 $\theta + 2n\pi$ をもつ複素数は絶対値が同じであれば複素平面上で同じ点を表します．このような不定性を除くため，偏角として $-\pi < \theta \leq \pi$（または $0 \leq \theta < 2\pi$）に限ったとき，α の**主値**とよび，大文字の記号を用いて $\mathrm{Arg}\,\alpha$ と記します．

式(1.1.8) において $r = 0$ の点を**零点**，$r \to \infty$ の点を**無限遠点**といいます．どちらも偏角は定義せず，1 点とみなします．

＊1　このままだと異なる複素数 $a + ib$ と $-a - ib$ は同じ θ をもつので，$\tan^{-1}(b/a)$ を計算するとき，$\cos\theta$ と a が同じ符号をもつように θ の値を決めます．

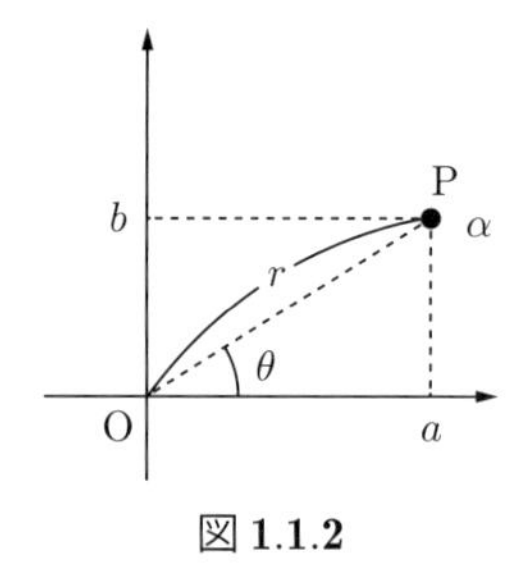

図 **1.1.2**

極形式を用いると 2 つの複素数の積の幾何学的な意味がはっきりします．いま α と β を極形式で表したとき

$$\alpha = r_1(\cos\theta_1 + i\sin\theta_1)$$
$$\beta = r_2(\cos\theta_2 + i\sin\theta_2)$$

になったとします．積を計算すると

$$\begin{aligned}\alpha\beta &= r_1r_2(\cos\theta_1 + i\sin\theta_1)(\cos\theta_2 + i\sin\theta_2)\\ &= r_1r_2(\cos\theta_1\cos\theta_2 - \sin\theta_1\sin\theta_2 + i(\sin\theta_1\cos\theta_2 + \cos\theta_1\sin\theta_2))\\ &= r_1r_2(\cos(\theta_1+\theta_2) + i\sin(\theta_1+\theta_2))\end{aligned}$$

となります．ただし三角関数の加法定理を用いています．したがって，積を表す複素数の絶対値は 2 つの複素数の絶対値の積であり，偏角は 2 つの複素数の偏角の和になります．

■積と回転

絶対値が 1 の複素数 γ を考え，その偏角を ζ とすれば，上記のことから，ある複素数に γ をかけることは，その複素数を原点のまわりに ζ だけ回転させることに対応します．たとえば，複素数（純虚数）i は絶対値が 1 で偏角は $\pi/2$ であるため，ある複素数に i をかけるとその複素数は $\pi/2$ 回転します．1 に i をかけて $\pi/2$ 回転させ，もう一度 i をかけてさらに $\pi/2$ 回転させると-1 になります（図 1.1.3）が，このことから複素平面を導入することにより，$i^2 = -1$ であることが自然に理解できます．

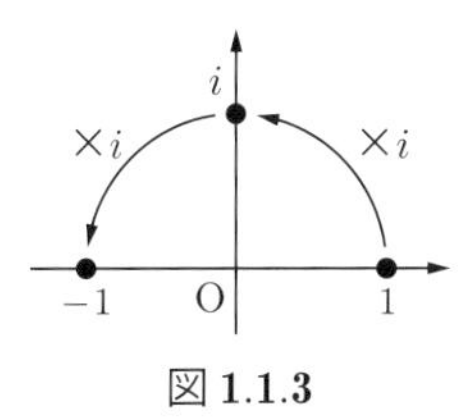

図 **1.1.3**

除算については，極形式に対して

$$
\begin{aligned}
\frac{\alpha}{\beta} &= \frac{r_1(\cos\theta_1 + i\sin\theta_1)}{r_2(\cos\theta_2 + i\sin\theta_2)} \\
&= \frac{r_1(\cos\theta_1 + i\sin\theta_1)(\cos\theta_2 - i\sin\theta_2)}{r_2(\cos\theta_2 + i\sin\theta_2)(\cos\theta_2 - i\sin\theta_2)} \\
&= \frac{r_1}{r_2}(\cos\theta_1\cos\theta_2 + \sin\theta_1\sin\theta_2 + i(\sin\theta_1\cos\theta_2 - \cos\theta_1\sin\theta_2)) \\
&= \frac{r_1}{r_2}(\cos(\theta_1 - \theta_2) + i\sin(\theta_1 - \theta_2))
\end{aligned}
$$

すなわち，2 つの複素数の商の絶対値はそれぞれの絶対値の商であり，偏角は 2 つの複素数の偏角の差になります．

Example 1.1.2

次の複素数を極形式で表しなさい．

(1) $1 - i$ (2) $-\sqrt{3} + i$

[Answer]

(1) $|z| = \sqrt{1+1} = \sqrt{2} \quad \mathrm{Arg}\, z = \tan^{-1}(-1) = -\dfrac{\pi}{4}$

したがって

$$1 - i = \sqrt{2}(\cos(-\pi/4) + i\sin(-\pi/4))$$

(2) $|z| = \sqrt{3+1} = 2 \quad \mathrm{Arg}\, z = \tan^{-1}(-1/\sqrt{3}) = \dfrac{5\pi}{6}$

したがって

$$-\sqrt{3} + i = \sqrt{2}(\cos(5\pi/6) + i\sin(5\pi/6))$$

1.2　複素数の数列と級数

複素数の数列（**複素数列**）$\{z_n\}$ を考えます．この数列が n の増加にともないある一定の複素数 α に限りなく近づくならば，この数列は α に収束するといい，

$$\lim_{n\to\infty} z_n = \alpha \tag{1.2.1}$$

と記します．また収束しない数列は**発散**するといいます．複素数が 2 つの実数の組みで表せることから，次の定理が成り立つことがわかります．

Point

複素数の数列 $z_n = x_n + iy_n$ が $\alpha = a + ib$ に収束するための必要十分条件は

$$\lim_{n\to\infty} x_n = a \quad \lim_{n\to\infty} y_n = b$$

が成り立つことである．

さらに実数の数列の極限の場合と同じく複素数の数列の極限に対して次の定理が成り立ちます．

Point

$$\lim_{n\to\infty} z_n = \alpha, \quad \lim_{n\to\infty} w_n = \beta$$

のとき

$$\lim_{n\to\infty} (z_n \pm w_n) = \alpha \pm \beta, \quad \lim_{n\to\infty} (z_n w_n) = \alpha\beta$$

$$\lim_{n\to\infty} \frac{z_n}{w_n} = \frac{\alpha}{\beta} \quad (w_n \neq 0, \beta \neq 0)$$

複素数列 z_n を形式的に足し合わせた

$$\sum_{n=1}^{\infty} z_n = z_1 + z_2 + \cdots + z_n + \cdots \tag{1.2.2}$$

を**複素級数**といいます．複素級数の最初の n 項の和を S_n と書くことにして，**部分和**といいます．すなわち，

$$S_n = z_1 + z_2 + \cdots + z_n$$

です．部分和もまた数列 S_n であると考えることができます．いま，部分和が n を限りなく大きくしたとき S に収束するとき，無限級数(1.2.2) は収束して極限値 S をもつといいます．収束しない級数を発散するといいます．

複素級数の収束に関する定理に関連して次の定理が成り立ちます．

Point

複素級数(1.2.2) が収束する必要十分条件は，実数部のつくる級数および虚数部のつくる級数が収束すること，すなわち，$z_n = x_n + iy_n$，$S = A + iB$ としたとき，

$$\sum_{n=1}^{\infty} x_n = A \quad \sum_{n=1}^{\infty} y_n = B$$

が成り立つことである．

複素級数

$$\sum_{n=0}^{\infty} z^n = 1 + z + z^2 + \cdots + z^n + \cdots \tag{1.2.3}$$

は**べき級数**とよばれるもののひとつですが，このべき級数は $|z| < 1$ ならば $1/(1-z)$ に収束し，$|z| > 1$ ならば発散します．このことは部分和

$$S_n = 1 + z + \cdots + z^n = \frac{1 - z^{n+1}}{1 - z}$$

を考えれば明らかです．すなわち，$|z| < 1$ ならば実数 $|z^{n+1}|$ は 0 に近づくため，複素数 z^{n+1} は（絶対値が 0 に近づくため）0 に近づきます．また $|z| > 1$ ならば n の増加にともない $|z^{n+1}|$ は限りなく大きくなるため，z^{n+1} は発散します．

複素級数(1.2.2) に対して，実数の級数

$$\sum_{n=1}^{\infty} |z_n| = |z_1| + |z_2| + \cdots + |z_n| + \cdots \tag{1.2.4}$$

を**絶対値級数**といいます．絶対値級数が収束（**絶対収束**）すればもとの級数も収束します．

1.3　複素変数の関数

複素数 $z = x + iy$ において，x と y が互いに独立な変数のとき z は複素変数といいます．複素変数 z に対して，複素数 w が対応づけられているとき，w は z の関数（**複素関数**）であるといい，

$$w = f(z) \tag{1.3.1}$$

と記します．w の実数部を u，虚数部を v としたとき，これらは x と y の関数と考えられます．そこで式(1.3.1）は

$$f(z) = u(x,\ y) + iv(x,\ y) \tag{1.3.2}$$

と書くことができます．そして関数 $f(z)$ は 2 つの実数 x，y を 2 つの実数 u，v に対応づけるものと考えられます．関数 $f(z)$ を実関数のグラフのように図示するためには，4 つの実数の組み $(x,\ y,\ u,\ v)$ を表示しなければならず，4 次元空間が必要になり一般に不可能です．そこで，そのかわりに $x-y$ 面(z 面)の曲線が $u-v$ 面（w 面）でどのように写像されるか，あるいは w 面の曲線が z 面にどのように写像されるかを調べます（図 1.3.1）．

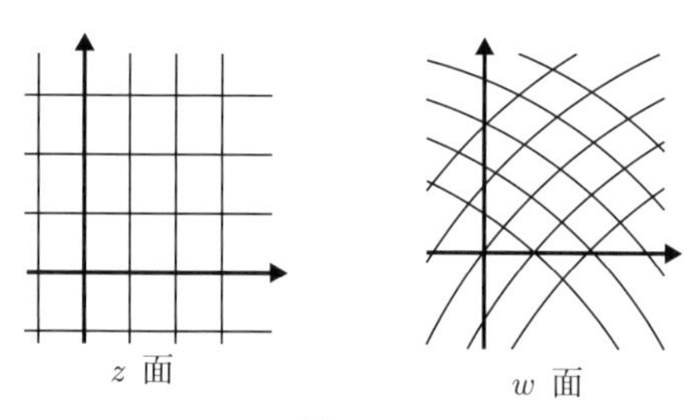

図 **1.3.1**

Example 1.3.1

$w = z^2$ による写像を調べなさい．

[**Answer**]

$z = x + iy$，$w = u + iv$ を代入し実数部どうしと虚数部どうしを等しいとおけば

$$u = x^2 - y^2, \quad v = 2xy$$

となります．したがって，w 面で u ＝一定の直線は，z 面では双曲線 $u = x^2 - y^2$ に写像され，v ＝一定の直線は，z 面で双曲線 $2xy = v$ に写像されます（図 1.3.2）．

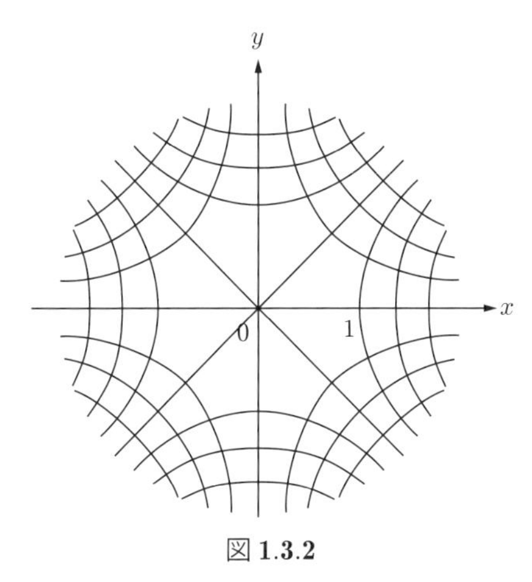

図 **1.3.2**

複素関数 $f(z)$ に対して，もし z が α に限りなく近づいたとき，$f(z)$ が β に近づくとします．このとき

$$\lim_{z \to \alpha} f(z) = \beta$$

と書き，$f(z)$ が極限値 β をもつといいます．この定義は実関数と似ていますが，複素関数では注意が必要です．すなわち，z が α に近づくとは $|z - \alpha|$ が 0 に近づくことを意味しており，近づき方は無数にあります．極限値をもつとは，近づき方によらずに一定の値になる場合を指します．

関数 $w = f(z)$ に対して，その定義域内の点 α について，極限値 $\lim_{z \to \alpha} f(z)$ が存在し，しかもその極限値が点 α における関数値に一致するとき，すなわち

$$\lim_{z \to \alpha} f(z) = f(\alpha)$$

が成り立つとき，関数 $w = f(z)$ は点 α において連続であるといいます．ある関数が領域 D 内のすべての点で連続であれば，その関数は領域 D で連続であるといいます．

関数の連続性については実関数の場合と同様に以下のことが成り立ちます．

Point

$f(z)$ と $g(z)$ が連続であれば

$$f(z) \pm g(z), \quad f(z)g(z), \quad \frac{f(z)}{g(z)}$$

も連続である．ただし，除算の場合は $g(z) \neq 0$ とする．

Problems　Chapter 1

1. 次式の値を求めなさい.

   (a) $\operatorname{Im}\dfrac{2-i}{3-4i}$

   (b) $\operatorname{Re}\dfrac{(1+i)^2}{3-2i}$

   (c) $\left|\dfrac{3+4i}{3+i}\right|$

2. 次の複素数の絶対値と偏角を求めなさい.

   (a) $-3-3i$

   (b) $-1+\sqrt{3}i$

   (c) $\dfrac{1+4i}{4-i}$

3. 次式が成り立つことを示しなさい.

$$\operatorname{Re}(z_1)\operatorname{Re}(z_2)=\frac{1}{2}\operatorname{Re}(z_1z_2)+\frac{1}{2}\operatorname{Re}(\bar{z_1}z_2)$$

4. $z(i-1)=-\bar{z}(1+i)$ が成り立つとき, z の偏角を求めなさい.

5. $|1+z|\leq 1+|z|$ が成り立つことを $z=x+iy$ とおくことによって示しなさい. また, この式を用いて三角不等式 $|z_1+z_2|\leq|z_1|+|z_2|$ を導きなさい.

6. 複素平面内に, 次の式で表される領域または曲線を表しなさい.

   (a) $\operatorname{Re}(z^2)\geq 1$

   (b) $\dfrac{1}{|z|}\leq 2$

   (c) $\operatorname{Re}(1-z)=|z|$

7. 次式が成り立つことを示しなさい.

$$\cos 4\theta=\cos^4\theta-6\cos^2\theta\sin^2\theta+\sin^4\theta$$

Chapter 2

正則関数

2.1 複素関数の微分

実数の関数と同様に複素関数 $f(z)$ についても，極限値

$$\lim_{\Delta z \to 0} \frac{f(z_0 + \Delta z) - f(z_0)}{\Delta z} \tag{2.1.1}$$

が存在するとき，$f(z)$ は点 z_0 で**微分可能**であるといい，極限値をその点における微分係数といいます．ただし，$\Delta z = \Delta x + i\Delta y$ で，$\Delta z \to 0$ とは $|\Delta z| \to 0$，すなわち $\Delta x \to 0$，$\Delta y \to 0$ を意味します．

関数 $f(z)$ が領域 D 内のすべての点で微分可能であるとき $f(z)$ は領域 D で正則であるといいます．また $f(z)$ を**正則関数**といいます．なお，$f(z)$ がある点 α で正則であるとは，点 α のみならず，その点の近傍で正則である場合のことです．$f(z)$ が領域 D で正則であれば，上式の z_0 を領域内で変化させると，その微分係数も変化するため，z の関数とみなせます．そのような場合，微分係数を**導関数**といい，$f'(z)$ や df/dz などと記します．すなわち，

$$\frac{df}{dz} = \lim_{\Delta z \to 0} \frac{f(z + \Delta z) - f(z)}{\Delta z} \tag{2.1.2}$$

です．

関数 $f(z)$，$g(z)$ が正則であれば

$$f(z) \pm g(z), \quad f(z)g(z), \quad \frac{f(z)}{g(z)}$$

も正則になります．ただし，除算の場合は $g(z) \neq 0$ と仮定します．また，正則関数を合成した関数も正則であり，正則関数の逆関数も正則になります．

そして四則演算の微分や**合成関数の微分法**，**逆関数の微分法**に関して実関数の場合と同じ公式が成り立ちます．すなわち，四則演算の微分に関しては

$$(f \pm g)' = f' \pm g', \quad (fg)' = f'g + fg', \quad \left(\frac{f}{g}\right)' = \frac{f'g - fg'}{g^2} \tag{2.1.3}$$

となります．また，合成関数に関しては，w が ζ の正則関数 $f(\zeta)$ であり，ζ が z の正則関数 $g(z)$ であれば，w は z の正則関数 $w = f(g(z))$ であり，

$$\frac{dw}{dz} = \frac{dw}{d\zeta}\frac{d\zeta}{dz}$$

です．逆関数についても，$w = f(z)$ が正則であれば $z = f^{-1}(w)$ も正則であり，

$$\frac{dw}{dz} = \frac{1}{dz/dw} \tag{2.1.4}$$

となります．

2.2 コーシー・リーマンの方程式

複素関数の微分は極限値であるため，それが存在するためには極限のとり方（式(2.1.1) の $\Delta z \to 0$ の近づけ方）によらずに値が一通りに決まる必要があります．そこで，本節ではどのような関数に対してこの条件が満足されるかを考えてみます．

$$f(z) = u(x, y) + iv(x, y)$$

と書くことにします．いま，$\Delta z \to 0$ として x 軸に沿って 0 に近づければ $\Delta z = \Delta x$ であるため

$$f(z + \Delta z) = u(x + \Delta x, y) + iv(x + \Delta x, y)$$

を考慮して

$$\begin{aligned}\frac{df}{dz} &= \lim_{\Delta x \to 0} \frac{u(x + \Delta x, y) - u(x, y)}{\Delta x} + i \lim_{\Delta x \to 0} \frac{v(x + \Delta x, y) - v(x, y)}{\Delta x} \\ &= \frac{\partial u}{\partial x} + i\frac{\partial v}{\partial x}\end{aligned} \tag{2.2.1}$$

となります．次に，$\Delta z \to 0$ として y 軸に沿って 0 に近づければ $\Delta z = i\Delta y$ であるため

$$f(z + \Delta z) = u(x, y + \Delta y) + iv(x, y + \Delta y)$$

を考慮して

$$\begin{aligned}\frac{df}{dz} &= \lim_{\Delta y \to 0} \frac{u(x, y+\Delta y) - u(x, y)}{i\Delta y} + i \lim_{\Delta x \to 0} \frac{v(x, y+\Delta y) - v(x, y)}{i\Delta y} \\ &= \frac{1}{i}\frac{\partial u}{\partial y} + \frac{\partial v}{\partial y} \\ &= \frac{\partial v}{\partial y} - i\frac{\partial u}{\partial y}\end{aligned} \tag{2.2.2}$$

が得られます．極限のとりかたによらずに両者が等しいためには式(2.2.1)，(2.2.2) が一致する必要があるため，それぞれの式の実数部と虚数部を等しいとおいて

Point

$$\frac{\partial u}{\partial x} = \frac{\partial v}{\partial y}, \quad \frac{\partial v}{\partial x} = -\frac{\partial u}{\partial y} \tag{2.2.3}$$

という等式が得られます．

この方程式を**コーシー・リーマンの方程式**とよんでいます．上の説明において，コーシー・リーマンの方程式は，関数 $f(z)$ が正則であるための必要条件であることを示しただけですが，十分条件にもなっています．

式(2.2.1)，(2.2.2) から $f(z)$ が正則であれば

Point

$$\frac{df}{dz} = \frac{\partial u}{\partial x} + i\frac{\partial v}{\partial x} = \frac{\partial v}{\partial y} - i\frac{\partial u}{\partial y} \tag{2.2.4}$$

になります．

コーシー・リーマンの方程式の第 1 式を x で偏微分し，第 2 式を y で偏微分して和をとれば

$$\frac{\partial^2 u}{\partial x^2} + \frac{\partial^2 u}{\partial y^2} = 0$$

となります．同様に第 1 式を y で偏微分し，第 2 式を x で偏微分して差をとれば

$$\frac{\partial^2 v}{\partial x^2} + \frac{\partial^2 v}{\partial y^2} = 0$$

が得られます．このことから，正則関数の実数部と虚数部はそれぞれラプラスの方程式を満足する関数（**調和関数**）であることがわかります．

Example 2.2.1

（極座標のコーシー・リーマンの方程式）

$f(z) = Re^{i\Theta}, z = re^{i\theta}$ とするとき，コーシー・リーマンの方程式は次の形に書けることを示しなさい．

$$\frac{\partial R}{\partial r} = \frac{R}{r}\frac{\partial \Theta}{\partial \theta}, \quad \frac{\partial R}{\partial \theta} = -rR\frac{\partial \Theta}{\partial r}$$

[Answer]

r 方向の微分では θ を一定とするため，$dz = e^{i\theta}dr$ であり，同様に θ 方向の微分では r を一定にするため，$dz = ire^{i\theta}d\theta$ です．w が微分可能であるためには，w の r 方向の微分と θ 方向の微分が等しい必要があるため，

$$\frac{dw}{dz} = \frac{1}{e^{i\theta}}\frac{\partial(Re^{i\Theta})}{\partial r} = \frac{1}{ire^{i\theta}}\frac{\partial(Re^{i\Theta})}{\partial \theta}$$

R，Θ を r，θ の関数とみなして微分演算を行って，実部と虚部がそれぞれ等しいとおけば，

$$\frac{\partial R}{\partial r} = \frac{R}{r}\frac{\partial \Theta}{\partial \theta}, \quad \frac{\partial R}{\partial \theta} = -rR\frac{\partial \Theta}{\partial r}$$

が得られます．

2.3 初等関数

本節ではよく用いる正則関数を具体的に示すことにします．

2.3.1 有理関数

$w = z^n$ を考えます．$n = 1$ のとき，$w = u + iv, z = x + iy$ とおくと $u = x$，$v = y$ となります．したがって，$u_x = v_y = 1$ および $u_y = -v_x = 0$ であるので，コーシー・リーマン方程式が成り立つため，正則関数であることがわかります．正則関数どおしの積は正則関数であるため，$w = z^n$ も正則関数になります（$z = x + iy$ とおいてコーシー・リーマンの方程式から直接確かめることもでき

ます）．また，正則関数の和も正則関数であるので

$$w = a_0 + a_1 z + \cdots + a_n z^n$$

も正則関数です．さらに，上式の商の形をした式

$$w = \frac{a_0 + a_1 z + \cdots + a_n z^n}{b_0 + b_1 z + \cdots + b_m z^m} \tag{2.3.1}$$

も分母が 0 になる点を除いて正則関数になります．式(2.3.1) の形の正則関数を**有理関数**といいます．有理関数で分母も分子も 1 次式であるとき，すなわち

$$w = \frac{az + b}{cz + d} \quad (ad - bc \neq 0)$$

を，実関数の場合とは異なりますが，**1 次関数**とよんでいます（括弧内のただし書きは分母が分子で割り切れて定数になる場合を除外するためです）．

2.3.2　指数関数

複素数の**指数関数** $w = e^z$ を $z = x + iy$ として

$$w = e^z = e^x(\cos y + i \sin y) \tag{2.3.2}$$

で定義します．$w = u + iv$ とおけば，$u = e^x \cos y$，$v = e^x \sin y$ となります．このとき

$$\frac{\partial u}{\partial x} = e^x \cos y = \frac{\partial v}{\partial y}$$
$$\frac{\partial v}{\partial x} = e^x \sin y = -\frac{\partial u}{\partial y}$$

となるため，コーシー・リーマンの方程式が成り立ち，指数関数は正則関数であることがわかります．この定義から指数関数は周期 $2\pi i$ の周期関数です．このことは，n を整数として，

$$e^{z+2n\pi i} = e^x(\cos(y + 2n\pi) + i \sin(y + 2n\pi)) = e^x(\cos y + i \sin y) = e^z$$

が成り立つことから明らかです．

指数関数を z で微分すると式(2.2.4) から

$$\frac{df}{dz} = \frac{\partial u}{\partial x} + i\frac{\partial v}{\partial x} = e^x \cos y + ie^x \sin y = e^z$$

となります．また，$z_1 = x_1 + iy_1$，$z_2 = x_2 + iy_2$ とおけば定義から

$$
\begin{aligned}
&e^{z_1+z_2}\\
&=e^{x_1+x_2}(\cos(y_1+y_2)+i\sin(y_1+y_2))\\
&=e^{x_1+x_2}(\cos y_1\cos y_2-\sin y_1\sin y_2+i(\sin y_1\cos y_2+\cos y_1\sin y_2))\\
&=e^{x_1}(\cos y_1+i\sin y_1)\times e^{x_2}(\cos y_2+i\sin y_2)=e^{z_1}e^{z_2}
\end{aligned}
$$

すなわち

$$
e^{z_1+z_2}=e^{z_1}e^{z_2} \tag{2.3.3}
$$

となります．この式から

$$
(e^z)^n=e^{nz}
$$

も成り立つことがわかります．このように，式(2.3.2）は実数の指数関数が満足する関係を複素数でもそのまま満足していることがわかります．式(2.3.2)において $z=x$ の場合はそのまま実数の指数関数ですが，$z=iy$ のときは

Point

$$
e^{iy}=\cos y+i\sin y \tag{2.3.4}
$$

となります．この式を**オイラーの公式**とよんでいます．

式(2.3.4）が唐突な関係ではないことは以下のようにテイラー展開を利用しても理解できます．すなわち，iy の i を $i^2=-1$ を満たす記号とみなし，実数の指数関数のテイラー展開の式にそのまま代入して同類項をまとめれば

$$
\begin{aligned}
e^{iy}&=1+\frac{iy}{1!}+\frac{(iy)^2}{2!}+\frac{(iy)^3}{3!}+\cdots\\
&=\left(1-\frac{y^2}{2!}+\frac{y^4}{4!}-\cdots\right)+i\left(\frac{y}{1!}-\frac{y^3}{3!}+\frac{y^5}{5!}-\cdots\right)\\
&=\cos y+i\sin y
\end{aligned}
$$

となります．

オイラーの公式から

$$
e^{-iy}=e^{i(-y)}=\cos(-y)+i\sin(-y)=\cos y-i\sin y
$$

であり，式(2.3.4）と和または差をとることにより

$$
\cos y=\frac{e^{iy}+e^{-iy}}{2} \tag{2.3.5}
$$

$$\sin y = \frac{e^{iy} - e^{-iy}}{2i} \tag{2.3.6}$$

が得られます．

Example 2.3.1

次の方程式の解を求めなさい．

(1) $e^z = 2$　　(2) $e^z = -1$

[Answer]

$z = x + iy$ とおきます．

(1) $e^z = e^x e^{iy} = 2e^{2n\pi i}$ より

$$e^x = 2 \ \ (x = \log 2), \quad y = 2n\pi$$

すなわち

$$z = \log 2 + 2n\pi i$$

(2) $e^z = e^x e^{iy} = e^{(2n+3/2)\pi i}$ より

$$e^x = 1 \ \ (x = 0), \quad y = (2n + 3/2)\pi$$

すなわち

$$z = (2n + 3/2)\pi i$$

2.3.3　三角関数

式(2.3.5)，(2.3.6) の y のかわりに z と書いて，複素数の**三角関数** cos と sin を定義します．すなわち，

$$\cos z = \frac{e^{iz} + e^{-iz}}{2} \tag{2.3.7}$$

$$\sin z = \frac{e^{iz} - e^{-iz}}{2i} \tag{2.3.8}$$

です．さらに実関数の場合と同様に他の三角関数も

$$\tan z = \frac{\sin z}{\cos z}, \quad \cot z = \frac{\cos z}{\sin z}, \quad \sec z = \frac{1}{\cos z}, \quad \operatorname{cosec} z = \frac{1}{\sin z} \tag{2.3.9}$$

で定義します. e^{iz} や e^{-iz} は正則であるため, 三角関数も（分母が0の点を除いて）正則になります．

式(2.3.7) を z で微分すれば（合成関数の微分法を用いて）

$$\frac{d\cos z}{dz} = \frac{ie^{iz} - ie^{-iz}}{2} = -\frac{e^{iz} - e^{-iz}}{2i} = -\sin z$$

であり，式(2.3.8) を z で微分すれば

$$\frac{d\sin z}{dz} = \frac{ie^{iz} + ie^{-iz}}{2i} = \frac{e^{iz} + e^{-iz}}{2} = \cos z$$

となります．すなわち，実数の場合と同じ関係が得られます．また

$$\cos^2 z + \sin^2 z = \left(\frac{e^{iz} + e^{-iz}}{2}\right)^2 + \left(\frac{e^{iz} - e^{-iz}}{2i}\right)^2$$
$$= \frac{e^{2iz} + 2 + e^{-2iz}}{4} - \frac{e^{2iz} - 2 + e^{-2iz}}{4} = 1$$

となり，さらに**加法定理**

$$\cos(z_1 + z_2) = \cos z_1 \cos z_2 - \sin z_1 \sin z_2$$

$$\sin(z_1 + z_2) = \sin z_1 \cos z_2 + \cos z_1 \sin z_2$$

も成り立ちます．実際，cos については

$$\cos z_1 \cos z_2 - \sin z_1 \sin z_2$$
$$= \frac{(e^{iz_1} + e^{-iz_1})(e^{iz_2} + e^{-iz_2})}{4} - \frac{(e^{iz_1} - e^{-iz_1})(e^{iz_2} - e^{-iz_2})}{(-4)}$$
$$= \frac{1}{2}(e^{i(z_1+z_2)} + e^{-i(z_1+z_2)})$$
$$= \cos(z_1 + z_2)$$

となります．sin についても同様に確かめられます．

Example 2.3.1

次の方程式の解を求めなさい．

(1) $\sin z = 2$　　(2) $\cos z = 0$

[Answer]

式(2.3.7)，(2.3.8) を用います．

(1) $\sin z = \dfrac{e^{iz} - e^{-iz}}{2i} = 2$

を e^{iz} について解くと

$$e^{-y+ix} = e^{iz} = (2 \pm \sqrt{3})i = (2 \pm \sqrt{3})e^{(2n+1/2)\pi i}$$
$$e^{-y} = 2 \pm \sqrt{3}, \quad x = (2n + 1/2)\pi$$
$$z = (2n + 1/2)\pi - i\log(2 \pm \sqrt{3})$$

(2) $\cos z = \dfrac{e^{iz} + e^{-iz}}{2} = 0$

より $e^{2iz} = -1$

$$e^{-2y+2ix} = e^{2iz} = -1 = e^{(2n+1)\pi i}$$
$$e^{-2y} = 1 \ \ (y = 0), \qquad 2x = (2n + 1)\pi$$
$$z = (n + 1/2)\pi$$

2.3.4　双曲線関数

実数の場合と同様に双曲線関数を，指数関数を用いて

$$\cosh z = \frac{e^z + e^{-z}}{2}, \quad \sinh z = \frac{e^z - e^{-z}}{2} \tag{2.3.10}$$

で定義します．指数関数が $2\pi i$ の周期をもつことに対応して，双曲線関数は周期 $2\pi i$ の周期関数です．また以下の関係が成り立つことも，三角関数の場合と同様に，定義を用いて容易に示すことができます．

$$\cosh^2 z - \sinh^2 z = 1$$
$$\cosh(z_1 + z_2) = \cosh z_1 \cosh z_2 + \sinh z_1 \sinh z_2$$
$$\sinh(z_1 + z_2) = \sinh z_1 \cosh z_2 + \cosh z_1 \sinh z_2$$
$$\frac{d \sinh z}{dz} = \cosh z, \quad \frac{d \cosh z}{dz} = \sinh z$$

Example 2.3.2

次式が成り立つことを示しなさい．

$$\cosh(z_1 + z_2) = \cosh z_1 \cosh z_2 + \sinh z_1 \sinh z_2$$

[Answer]

$$右辺=\frac{e^{z_1}+e^{-z_1}}{2}\frac{e^{z_2}+e^{-z_2}}{2}+\frac{e^{z_1}-e^{-z_1}}{2}\frac{e^{z_2}-e^{-z_2}}{2}$$
$$=\frac{1}{4}(e^{z_1+z_2}+e^{z_2-z_1}+e^{z_1-z_2}+e^{-z_1-z_2}+e^{z_1+z_2}-e^{z_2-z_1}-e^{z_1-z_2}+e^{-z_1-z_2})$$
$$=\frac{1}{2}(e^{z_1+z_2}+e^{-z_1-z_2})=左辺$$

2.3.5 分数べき関数

分数べき関数として，はじめに $w=\sqrt{z}=z^{1/2}$ を考えてみます．この関数は $w^2=z$ を満足する関数として定義されます．$w^2=z$ は z を w の関数とみなしたとき正則関数であるため，その逆関数も正則になります．そして，逆関数の微分法から

$$\frac{dw}{dz}=\frac{1}{dz/dw}=\frac{1}{2w}=\frac{1}{2z^{1/2}}$$

となります．

次にこの関数によって z 面全体が w 面にどのように写像されるかを考えてみます．極座標を用いて，w 面の点を $w=Re^{i\phi}$，z 面の点を $z=re^{i\theta}$ と表すことにします．$w^2=z$ にこの関係を代入してそれぞれの絶対値と偏角を等しいとおけば

$$R^2=r,\quad 2\phi=\theta+2n\pi$$

となります．ただし，n は整数で，偏角には $2n\pi$ の不定性があることを考慮しています．これから $R=\sqrt{r}$，$\phi=\theta/2+n\pi$ となります．一方，z 平面全体は $0\leq r<\infty$，$0\leq\theta<2\pi$ で表せるため，w 平面は n が偶数（$2m$）か奇数（$2m+1$）かによって，

$$0\leq r<\infty,\quad 2m\pi\leq\phi<(2m+1)\pi \tag{2.3.11}$$

または

$$0\leq r<\infty,\quad (2m+1)\pi\leq\phi<(2m+2)\pi \tag{2.3.12}$$

となります．式(2.3.11）は w 面の上半平面を，式(2.3.12）は下半平面を表し

ます．z 平面では n が偶数でも奇数でも同じ点を表すため，このことは z 面の 1 点 P に対応する点が w 面では 2 点（上半面のある点と下半面のある点）あることを意味しています．言い換えれば関数 $w = z^{1/2}$ は **2 価関数**になっています（図 2.3.1）．

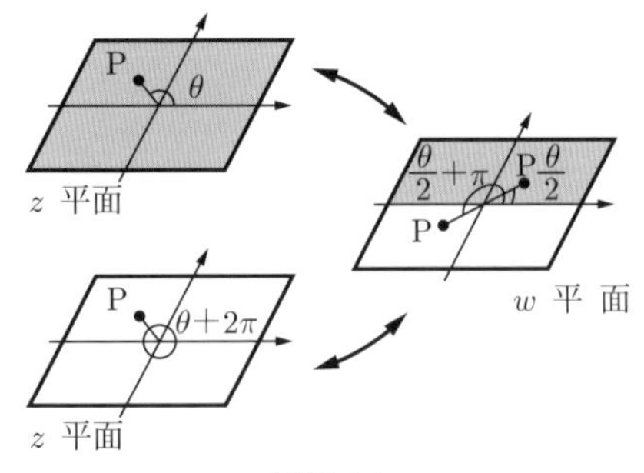

図 **2.3.1**

■リーマン面

このような**多価性**を解消するためには，z 面において n が偶数であるときと奇数であるときを区別する必要があります．このように 2 枚の面を用意すれば，この 2 枚の面に w 面全体を対応させることができます．ところで，この 2 枚の面を別々に考えると 2 つの面の間の関係がはっきりしないため，たとえば図 2.3.2 に示すように，x 軸の原点から左側で切れ目を入れて 2 つの面をつなげてみます．そして原点をまわる曲線に沿って移動するとき，この切れ目をとおるたびに他の面に移ると約束します．このように多価性を解消するために導入された面のことを**リーマン面**とよんでいます．この場合の原点のように，その点を複数回まわることによってもとにもどるような点を**代数的分岐点**といいます．無限遠点もこの場合，代数的分岐点になっています．この 2 つの点以外の点のまわりをまわる場合には 1 周すると同じ点にもどります．切れ目として x 軸をとりましたが，2 つの分岐点を結ぶ（交わらない）任意の曲線をとることもできます．

$w = z^{1/2}$ と同様に考えれば，$w = z^{1/3}$ は **3 価関数**になり，w の多価性を解消するためには，リーマン面は 3 枚に必要になります．同様に $w = z^{1/n}$ は n 価関数であり，リーマン面は n 枚になります．

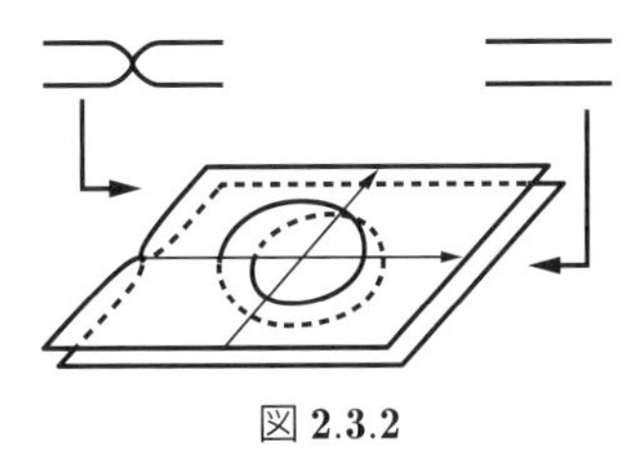

図 **2.3.2**

Example 2.3.2

$\sqrt{i}$ を求めなさい.

[Answer]

$z^2 = i$ において，$z = re^{i\theta}$ とおくと $z^2 = r^2e^{2i\theta}$ であり，また

$$i = e^{(2n\pi + \pi/2)i}$$

です．したがって，2 根を z_1, z_2 として

$$r = 1, \quad \theta = \frac{\pi}{4} + n\pi$$

$$z_1 = e^{\pi i/4} = \frac{1}{\sqrt{2}} + \frac{i}{\sqrt{2}}, \quad z_2 = e^{5\pi i/4} = -\frac{1}{\sqrt{2}} - \frac{i}{\sqrt{2}}$$

2.3.6　対数関数

対数関数は実変数の場合と同様に指数関数の逆関数として定義されます．すなわち，$e^w = z$ のとき $w = \log z$ です．いま，$w = u + iv$，$z = re^{i\theta}$ と書けば

$$e^{u+iv} = e^u e^{iv} = re^{i\theta}$$

であるため，指数関数が $2\pi i$ の周期性をもつことを考慮して

$$e^u = r \ \ (u = \log r), \quad v = \theta + 2n\pi \quad (n：整数)$$

となります．一方，$r = \log|z|$，$\theta = \mathrm{Arg}\ z$ であるため，

$$w = \log z = \log|z| + i(\mathrm{Arg}\ z + 2n\pi) \tag{2.3.13}$$

となります．このように対数関数 w は z を決めても，n の値によって異なる値をもつため，無限多価関数になっています．対数関数を 1 価関数にするため，特に式(2.3.13) で $n = 0$ と選んだものを**対数関数の主値**といい，$\mathrm{Log}\, z$ で表

すことがあります．すなわち，

$$\mathrm{Log}\, z = \log|z| + i\,\mathrm{Arg}\, z \tag{2.3.14}$$

です．

式(2.3.13) から対数関数によって，全 z 面($0 \leq r < \infty$，$0 < \theta \leq 2\pi$)は w 面の幅 2π の帯状領域 $-\infty < u < \infty$，$2n\pi < v \leq (2n+2)\pi$ に写像されます(図 2.3.3)．したがって，全 w 面を覆うためには無限枚の z 面が必要になります．また，図に示すように z 面の 1 点は，w 面で虚軸方向に $2n\pi$ ずれた無限個の点に対応します．このような多価性を解消するためには，前項で述べたリーマン面を導入します．いま，動点が z 面の原点をとり囲む閉曲線のまわりを 1 周すると w 面では虚軸に沿って 2π 移動します．この場合，分岐点を何回まわってももとに戻らないため，このような分岐点を**対数分岐点**といいます．無限遠点も同じく対数分岐点になっています．一方，他の点では，一周しても偏角は変化しません．このことから，分岐点は原点と無限遠点であるため，たとえば x 軸の負の部分に沿って切断をいれて，図 2.3.4 のように各 z 面をつなぎあわせます．そして，この切断を横切るときに別の面に入ると約束します．このようにして無限枚の z 面をつなげてできる面が対数関数に対するリーマン面になります．

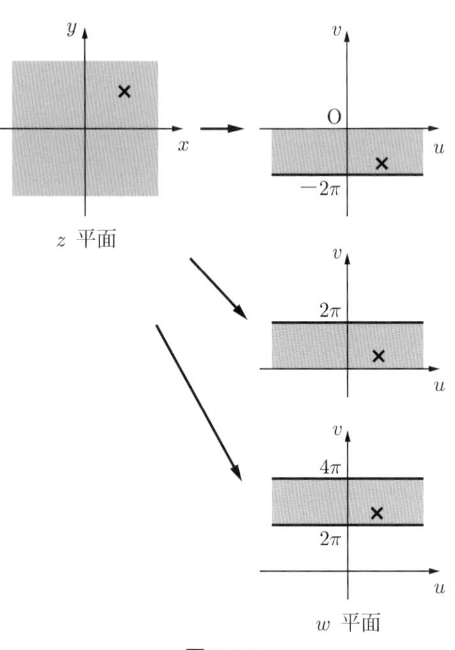

図 2.3.3

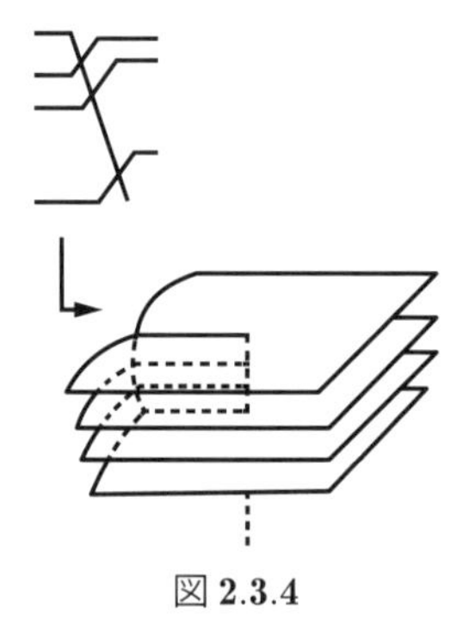

図 2.3.4

対数関数の微分は逆関数の微分

法を用いて次のように計算できます.

$$\frac{dw}{dz}=\frac{1}{dz/dw}=\frac{1}{de^w/dw}=\frac{1}{e^w}=\frac{1}{z}$$

実関数の対数関数に対して成り立つ

$$\log x_1x_2=\log x_1+\log x_2,\quad \log\frac{x_1}{x_2}=\log x_1-\log x_2$$

は，複素関数の場合には分岐を適当に選んだ場合にのみ成り立ちます.

Example 2.3.3

次の方程式を満足する z を求めなさい.

$$\log\ z=-1$$

[Answer]

$z=re^{i\theta}$ とおきます.

$$\log z=\log r+i\theta=\pi i/2+2n\pi i$$

より $r=1\quad\theta=\pi/2+2n\pi$ したがって,

$$z=e^{\pi i/2}$$

2.3.7　一般のべき関数

一般のべき関数 $w=z^\alpha$（ただし，α は複素数）は対数関数を用いて，

$$z^\alpha=e^{\alpha\log z}\tag{2.3.15}$$

で定義されます．α が整数の場合には多価性は現れませんが，それ以外の場合には対数関数が多価であることに対応して一般のべき関数も多価関数になります.

一般のべき関数の微分は

$$\frac{dz^\alpha}{dz}=\frac{d\left(e^{\alpha\log z}\right)}{dz}=\frac{\alpha}{z}e^{\alpha\log z}=\frac{\alpha e^{\alpha\log z}}{e^{\log z}}=\alpha e^{(\alpha-1)\log z}=\alpha z^{\alpha-1}$$

となるため，実関数の場合と形式的に一致します．実関数の指数法則

$$x^ax^b=x^{a+b},\quad (x^a)^b=x^{ab}$$

は，べき関数の多価性に対応して，適当な分岐を選んだ場合にのみ成り立ちます.

Example 2.3.4

$(1-i)^i$ を $a+ib$ の形に表しなさい.

［**Answer**］

$$\begin{aligned} i\log(1-i) &= i(\log\sqrt{2}+(2n+3/4)\pi i) \\ &= -(2n+3/4)\pi+(i/2)\log 2 \end{aligned}$$

より

$$\begin{aligned} (1-i)^i &= e^{i\log(1-i)} \\ &= e^{-(2n+3/4)\pi}e^{i(\log 2)/2} \\ &= e^{-(2n+3/4)\pi}\left(\cos\frac{\log 2}{2}+i\sin\frac{\log 2}{2}\right) \end{aligned}$$

Problems　Chapter 2

1. 次の関数が正則かどうかを調べなさい.

   (a) $f(z) = \arg(z)$

   (b) $f(z) = \dfrac{1}{2 - z}$

   (c) $f(z) = \sin x \cosh y + i \cos x \sinh y$

2. 次の方程式の根をすべて求めなさい.

   (a) $e^z = 2$

   (b) $e^{z^2} = 1$

3. $\sin z$, $\cosh z$ が実数であるような z を求めなさい.

4. 次式が成り立つことを示しなさい.

   (a) $\tanh(-z) = -\tanh z$

   (b) $\tanh(z_1 + z_2) = \dfrac{\tanh z_1 + \tanh z_2}{1 + \tanh z_1 \tanh z_2}$

   (c) $\tan(z_1 + z_2) = \dfrac{\tan z_1 + \tan z_2}{1 - \tan z_1 \tan z_2}$

5. 次の方程式を解きなさい.

   (a) $\log(z+1) = 1 - i$

   (b) $\log(\cos z) = 1$

6. 次の主値を求めなさい.

   (a) $\sqrt{2i}$

   (b) $(1 - i)^{2/3}$

   (c) $(1 + i)^i$

Chapter 3

コーシーの積分定理

3.1　積分

はじめに実関数の積分について簡単に復習しておきます．ある関数 $f(x)$ の不定積分 $F(x)$ とは微分したときに $f(x)$ となるような関数でした．一方，定積分

$$I = \int_a^b f(x)dx \tag{3.1.1}$$

とは，区間 $[a, b]$ を分点 $a = x_0, x_1, \cdots, x_{n-1}, x_n = b$ で微小な区間に分け，$n \to \infty$ のとき区間幅 $\Delta x_j = x_j - x_{j-1}$ の最大のものが 0 になるようにしたとき

$$I = \lim_{n\to\infty} \sum_{j=1}^{n} f(\xi_j)\Delta x_j$$

で定義されました．ここで ξ_j は $x_{j-1} \leq \xi_j \leq x_j$ を満たす任意の数です．すなわち，総和の中の各項は図 3.1.1 に示す細長い長方形の面積であるため，極限をとる前では多くの短冊に分けてそれを足し合わせたものであり，結局，I は関数 $f(x)$ と x 軸および直線 $x = a$，$x = b$ で囲まれた部分の面積を表すと考えられます．ここで定義された定積分と微分の逆演算として定義された不定積分の間には

$$\int_a^b f(x)dx = F(b) - F(a) \tag{3.1.2}$$

の関係があります（**微分積分学の基本定理**）．なお，積分の上端 b を変化させると，面積も変化するため，定積分を上端の関数と考えることができます．そのことをはっきりさせるために b を x と書き，積分の中の x を区別のため ξ と書くと，式(3.1.2) は

$$\int_a^x f(\xi)d\xi = F(x) - F(a)$$

となります．この式は

$$f(x) = \frac{dF}{dx} = \frac{d}{dx}\int_a^x f(\xi)d\xi \tag{3.1.3}$$

を意味しています．

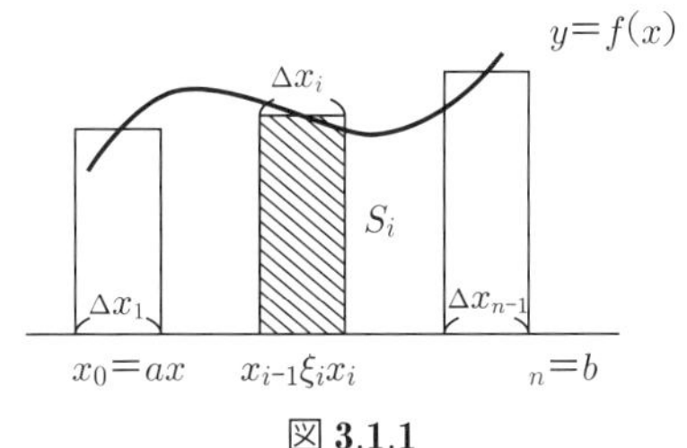

図 **3.1.1**

以上のことを複素数に拡張してみます．不定積分については微分の逆演算として定義できると予想できます（不定積分については後述します）．次に定積分（**複素積分**）はどうなるかを考えてみます．実数の場合は 2 点 a，b を結ぶ線分（x 軸の一部分）を微小な区間に分割しました．ところが，複素数の場合は，z は平面上の点であるため，2 点 z_0, z_n を結ぶ曲線は無数にあります．そこで，定積分といった場合には曲線をひとつ指定する必要があります．それを C とします（図 3.1.2）．実数の場合にならって，曲線 C を分点 $z_0, z_1, \cdots, z_{n-1}, z_n$ によって微小な区間に分け，$n \to \infty$ のとき $|z_j - z_{j-1}|$ の最大値が 0 になるようにします．このとき**複素関数**の C に沿う積分を

$$\int_C f(z)dz = \lim_{n\to\infty}\sum_{j=1}^{n} f(\zeta_j)\Delta z_j \tag{3.1.4}$$

で定義します．ここで，$\Delta z_j = z_j - z_{j-1}$ であり，ζ_j は弧 $z_{j-1}z_j$ 上の任意の点です．

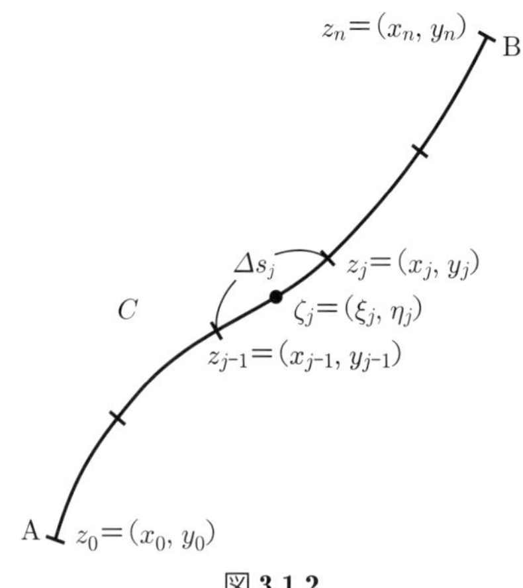

図 **3.1.2**

この定義から，複素積分には以下の性質があることがわかります.

Point

1. a と b を定数として

$$\int_C (af(z)+bg(z))dz = a\int_C f(z)dz + b\int_C g(z)dz \tag{3.1.5}$$

2. C を 2 つの曲線 C_1 と C_2 に分けたとき

$$\int_C f(z)dz = \int_{C_1} f(z)dz + \int_{C_2} f(z)dz \tag{3.1.6}$$

3. 曲線 C を逆向きにたどる場合を $-C$ と記すと

$$\int_C f(z)dz = -\int_{-C} f(z)dz \tag{3.1.7}$$

4. 曲線 C の長さを L，また C 上で $|f(z)| \leq M$ とすれば

$$\left|\int_C f(z)dz\right| \leq \int_C |f(z)||dz| \leq ML \tag{3.1.8}$$

たとえば，式(3.1.7) については

$$\int_{-C} f(z)dz = \lim_{n\to\infty}\sum_{j=1}^{n} f(\zeta_j)(z_{j-1} - z_j)$$
$$= -\lim_{n\to\infty}\sum_{j=1}^{n} f(\zeta_j)(z_j - z_{j-1}) = -\int_C f(z)dz$$

によって示すことができます．

曲線 C がパラメータ t を用いて表されており，C の始点が $t = a$，終点が $t = b$ に対応するものとします．このとき複素積分は t に関する積分（**線積分**）

$$\int_C f(z)dz = \int_a^b f(z(t))\frac{dz}{dt}dt \tag{3.1.9}$$

から計算できます．

重要な例として，$f(z)$ として $f(z) = (z-\alpha)^n$（n:整数，α:定数）をとり，C として点 α を中心とした半径1の円をとった場合を考えてみます．このとき，C 上の点 z はパラメータ t を用いて

$$z = \alpha + \cos t + i\sin t = \alpha + e^{it} \quad (0 \le t \le 2\pi)$$

と表せ，C 上で $f(z)$ は

$$(z-\alpha)^n = e^{int} = \cos nt + i\sin nt$$

となります．また

$$\frac{dz}{dt} = ie^{it}$$

です．この例のように積分が閉曲線の場合には，それを強調するために $\int$ を $\oint$ と記すことにすると，上のことを考慮して

$$I = \oint_C f(z)dz = \int_0^{2\pi} ie^{(n+1)it}dt = i\int_0^{2\pi}(\cos(n+1)t + i\sin(n+1)t)dt$$

となります．そこで $n = -1$ の場合には

$$I = i\int_0^{2\pi} dt = 2\pi i$$

であり，$n \ne -1$ の場合には

$$I = i\left[\frac{1}{n+1}\sin(n+1)t - \frac{i}{n+1}\cos(n+1)t\right]_0^{2\pi} = 0$$

となります．以上をまとめると，C が α を中心とする単位円（次章の結果を用いれば $z=\alpha$ を取り囲む任意の閉曲線）の場合に

Point

$$\oint_C (z-\alpha)^{-1}dz = 2\pi i \tag{3.1.10}$$

$$\oint_C (z-\alpha)^{n}dz = 0 \quad (n \neq -1)$$

が成り立ちます．

Example 3.1.1

C として原点中心の単位円上を $(0,\,-1)$ から $(0,1)$ まで，反時計まわりにまわる曲線 C_1 および時計まわりにまわる曲線 C_2 をとったとき，次の複素積分の値を求めなさい．

$$\int_C \frac{1}{z}dz$$

[Answer]

単位円周上では $z=e^{it}$ と書けるため，$dz=ie^{it}dt$ となります．また t は反時計まわりでは $-\pi/2$ から $\pi/2$ に変化し，時計まわりでは $-\pi/2$ から $-3\pi/2$ まで変化します．以上のことを考慮すれば積分値は以下のようになります．

$$\int_{C_1} \frac{1}{z}dz = \int_{-\pi/2}^{\pi/2} e^{-it}ie^{it}dt = i\,[t]_{-\pi/2}^{\pi/2} = \pi i$$

$$\int_{C_2} \frac{1}{z}dz = \int_{-\pi/2}^{-3\pi/2} e^{-it}ie^{it}dt = i\,[t]_{-\pi/2}^{-3\pi/2} = -\pi i$$

3.2　コーシーの積分定理

コーシーの積分定理は関数論の根幹をなす重要な定理です．この定理は正則関数 $f(z)$ がもつ際立った性質を表しています．すなわち

Point

[コーシーの積分定理] 関数 $f(z)$ が単連結領域 D で正則であるとする．このとき D 内の任意の閉曲線 C に対して

$$\oint_C f(z)dz = 0 \tag{3.2.1}$$

が成り立つ．

ここで単連結領域とは領域内の任意の閉曲線を連続的に変形して 1 点に縮められるような領域を指します．たとえば図 3.2.1（a）は単連結領域，（b）は単連結領域ではありません. コーシーの定理を証明するためには, 次のグリーンの定理[*1] を用います．

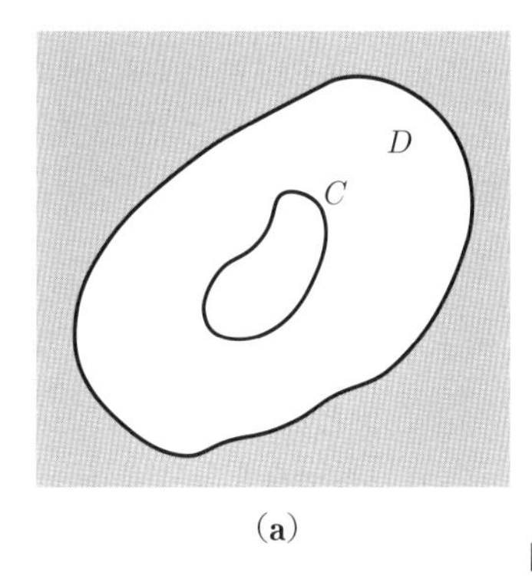

(a)

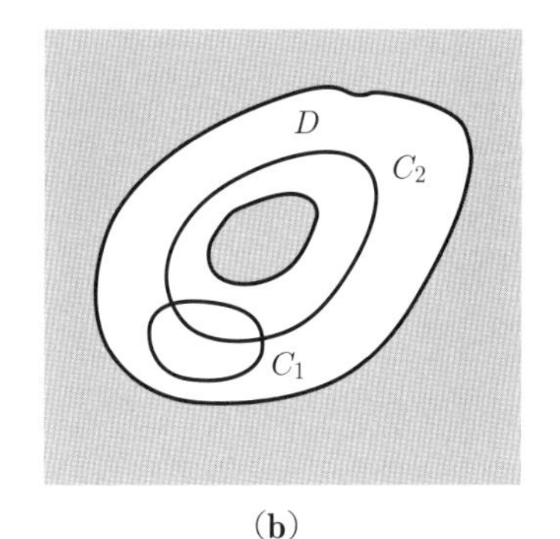

(b)

図 3.2.1

Point

[グリーンの定理] 2 つの実関数 $P(x,y)$，$Q(x,y)$ が閉曲線 C 上および，その内部で連続な偏導関数をもてば

$$\oint_C (Pdx + Qdy) = \iint_S \left(-\frac{\partial P}{\partial y} + \frac{\partial Q}{\partial x}\right) dxdy$$

が成り立つ．

以下にグリーンの定理を用いてコーシーの積分定理を証明します．いま $z = x + iy$ として，$f(z) = u(x,y) + iv(x,y)$ とおきます．このとき $dz = dx + idy$

＊1　本シリーズ「ベクトル解析」参照.

であるため

$$\oint_C f(z)dz = \oint_C (u+iv)(dx+idy) = \oint_C (udx - vdy) + i\oint_C (vdx + udy)$$

が成り立ちます．ここで，グリーンの定理を適用すれば

$$\oint_C f(z)dz = -\iint_S \left(\frac{\partial u}{\partial y} + \frac{\partial v}{\partial x}\right) dxdy + i\iint_S \left(-\frac{\partial v}{\partial y} + \frac{\partial u}{\partial x}\right) dxdy = 0$$

となります．ただし，最後の式ではコーシー・リーマンの方程式(2.2.3) を用いています．

なお，この証明ではグリーンの定理を用いたため，関数 u，v の x，y の偏導関数の連続性を仮定していますが，この連続性を仮定しなくてもコーシーの定理は証明できることが知られています（付録 B：グルサの証明）．

関数 $f(z)$ が正則である領域内に点 α と β を考え，この 2 点を通る 2 つの曲線 C_1 と C_2 を考えます．C_2 を逆向きにたどる曲線を $-C_2$ とすれば，C_1 と $-C_2$ はひとつの閉曲線 C になりますが，C に沿う周回積分はコーシーの定理から 0 になります（次節の図 3.3.1 参照）．したがって，

$$0 = \oint_C f(z)dz = \int_{C_1} f(z)dz + \int_{-C_2} f(z)dz = \int_{C_1} f(z)dz - \int_{C_2} f(z)dz$$

から

$$\int_{C_1} f(z)dz = \int_{C_2} f(z)dz$$

が得られます．すなわち，積分の値は正則な領域内では積分の始点と終点にのみ依存し，どのような曲線に沿っても値は同じです．

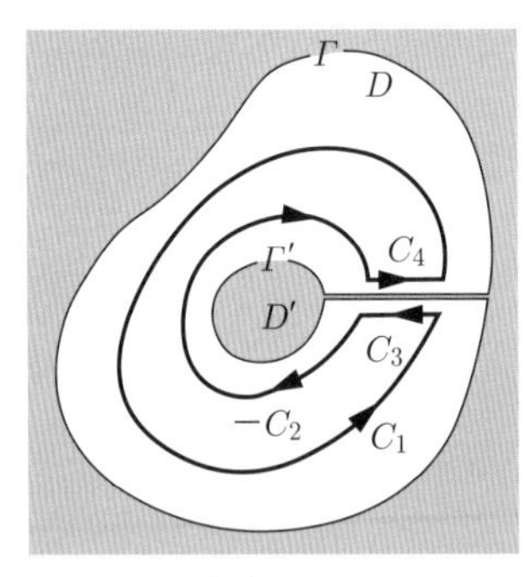

図 **3.2.2**

次にコーシーの定理を拡張してみます．図 3.2.2 に示すように Γ を境界とするような領域 D 内に，Γ' を境界とするような，関数 $f(z)$ が正則でない領域 D' があったとします．ただし，Γ と Γ' ではさまれた領域では $f(z)$ は正則であるとします．このとき，このはさまれた領域内の任意の 2 つの閉曲線 C_1 と C_2（お互いに交わってもよい）に対して，

$$\oint_{C_1} f(z)dz = \oint_{C_2} f(z)dz \tag{3.2.2}$$

が成り立ちます（曲線の向きは反時計回りにとります）．理由を以下に示します．C_1 および C_2 の両方をつなぐ曲線 C_3, C_4 を図 3.2.2 のようにとります．C_1, C_2, C_3, C_4 をつなげることにより，反時計まわりのひとつの閉曲線ができ，その閉曲線の内部では $f(z)$ は正則になります．そこで C に対してコーシーの積分定理を適用すれば

$$\begin{aligned}
0 &= \oint_{C} f(z)dz \\
&= \oint_{C_4} f(z)dz + \oint_{C_1} f(z)dz + \oint_{C_3} f(z)dz + \oint_{-C_2} f(z)dz \\
&= \oint_{C_1} f(z)dz + \oint_{-C_2} f(z)dz
\end{aligned}$$

となります．ただし，C_4 に沿う積分は C_3 と同じ積分路を逆にたどるため C_3 と打ち消し合うことを用いました．したがって

$$\oint_{C_1} f(z)dz = \oint_{C_2} f(z)dz$$

が得られ，式(3.2.2) が成り立つことがわかります．

式(3.2.2) から式(3.1.10) の結果は単位円のみならず，任意の $z = 0$ を取り囲む閉曲線について成り立ちます．

領域 D 内に $f(z)$ が正則ないような領域が複数ある場合にはそれらの各領域をすべて取り囲む閉曲線を C，それぞれを取り囲む閉曲線を $C_1, \cdots, C_n$ とすれば

$$\oint_{C} f(z)dz = \oint_{C_1} f(z)dz + \cdots + \oint_{C_n} f(z)dz \tag{3.2.3}$$

となります. 証明は図 3.2.3 に示すような領域でコーシーの積分定理を用います.

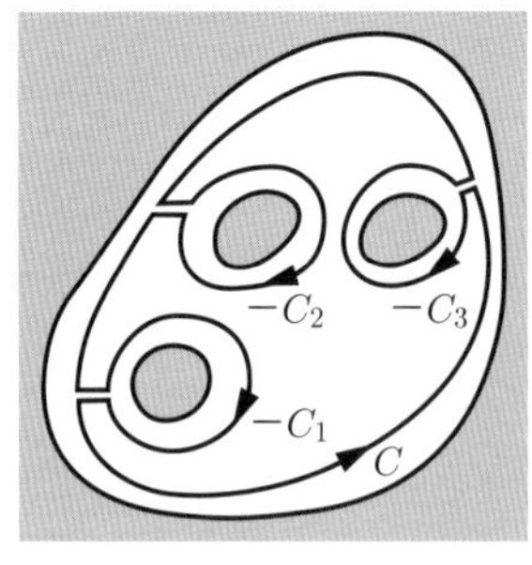

図 **3.2.3**

3.3　不定積分

本節では複素関数の**不定積分**について調べます．前節で述べましたが，正則な関数の積分は始点と終点にのみ依存し，どのような曲線に沿うかには無関係です．そこで始点が α，終点が z である正則関数の積分を積分路を省略して

$$F(z) = \int_{\alpha}^{z} f(\zeta)d\zeta \tag{3.3.1}$$

と記すことにします．$F(z)$ と書いたのは，z が変化するとこの積分の値も変化するため，z の関数とみなせるからです．正則な領域で z の近くに $z+\Delta z$ をとると，

$$F(z+\Delta z) - F(z) = \int_{\alpha}^{z+\Delta z} f(\zeta)d\zeta - \int_{\alpha}^{z} f(\zeta)d\zeta = \int_{z}^{z+\Delta z} f(\zeta)d\zeta$$

となります．z が Δz に十分に近ければ，$f(z)$ は積分区間でほぼ一定値をとると考えられます．したがって

$$\int_{z}^{z+\Delta z} f(\zeta)d\zeta = f(z)\int_{z}^{z+\Delta z} d\zeta = f(z)\Delta z$$

この関係を上式に代入すると

$$\frac{F(z+\Delta z) - F(z)}{\Delta z} \sim f(z)$$

となり，$\Delta z \to 0$ の極限で

$$\frac{dF}{dz} = f(z)$$

となります．$F(z)$ を z で微分すると $f(z)$ になるため，$F(z)$ が $f(z)$ の不定積分であることを示しています．式(3.3.1) から，

$$F(b) - F(a) = \int_{\alpha}^{b} f(\zeta)d\zeta - \int_{\alpha}^{a} f(\zeta)d\zeta = \int_{a}^{b} f(\zeta)d\zeta \tag{3.3.2}$$

となります．ただし，積分路は自由に変形しても積分値が変化しないことを用いています（図 3.3.1）．したがって，$f(z)$ が正則な領域では実関数の定積分と不定積分の関係（3.1.2）が**複素関数**に対しても成り立つことがわかります．

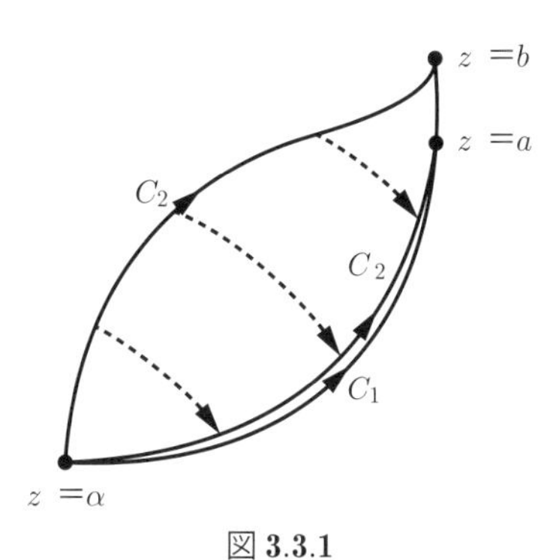

図 **3.3.1**

Example 3.3.1

不定積分を用いて次の複素積分の値を求めなさい．ただし，積分路は積分の下端から上端に至る直線とします．

(1) $\displaystyle\int_0^{\pi i/2} \cosh z dz$　　(2) $\displaystyle\int_1^{-1+i} (z^3 + az + b)dz$

[Answer]

(1) $\displaystyle\int_0^{\pi i/2} \cosh z dz = [\sinh z]_0^{\pi i/2} = \sinh \pi i/2 - \sinh 0 = i$

(2) $$\int_1^{-1+i} (z^3 + az + b)dz = \left[\frac{z^4}{4} + \frac{az^2}{2} + bz\right]_1^{-1+i}$$
$$= -\frac{5}{4} - 2b - \frac{a}{2} + (b - a)i$$

3.4　コーシーの積分公式

本節では，単連結領域 D で正則な関数 $f(z)$ に対して，D 内の点 α を囲む閉曲線 C に対して，周回積分

$$I = \oint_C \frac{f(z)}{z-\alpha} dz$$

の値を求めることを考えてみます．被積分関数は $z = \alpha$ において正則でないため，コーシーの積分定理（式(3.2.1)）は使えません．ここで

$$\frac{f(z)}{z-\alpha} = \frac{f(z)-f(\alpha)}{z-\alpha} + \frac{f(\alpha)}{z-\alpha}$$

をもとの式に代入すると，第 2 項については，$f(\alpha)$ が定数であることと，式(3.1.10) を用いると

$$\oint_C \frac{f(\alpha)}{z-\alpha} dz = f(\alpha) \oint_C \frac{1}{z-\alpha} dz = 2\pi i f(\alpha)$$

となります．第 1 項に対しては，図 3.4.1 のように積分路を α を中心とする半径 r の円に変更します（3.3 節の結果から正則な領域で積分路を変更しても値は変化しません）．このとき，円の半径を十分に小さくとれば円周上で ε を微小な正数として

$$|f(z) - f(\alpha)| < \varepsilon$$

とすることができます．一方，円周上では $z = \alpha + \varepsilon e^{it}$，$dz = \varepsilon i e^{it} dt$ であるため，

$$\left| \oint_C \frac{f(z)-f(\alpha)}{z-\alpha} dz \right| \leq \oint_C \frac{\varepsilon}{|z-\alpha|} |dz| = \varepsilon \int_0^{2\pi} \frac{1}{\varepsilon} \varepsilon dt = 2\pi\varepsilon$$

となります．ε はいくらでも 0 に近づけることができるため，結局，第 2 項の積分は 0 になります．以上のことから，

$$I = 2\pi i f(a)$$

すなわち

$$f(a) = \frac{1}{2\pi i} \oint_C \frac{f(z)}{z-\alpha} dz$$

が得られます．特に，α を変数として z と書き，積分内の z をそれと区別す

るためにζと書くことにすれば

Point

$$f(z)=\frac{1}{2\pi i}\oint_C \frac{f(\zeta)}{\zeta-z}d\zeta \tag{3.4.1}$$

となります．この式を**コーシーの積分公式**といいます．この公式は，積分路で囲まれた領域内の任意の点における正則関数の値が積分路上の関数の値（境界の値）から定まるという正則関数の際立った性質を表した公式です．

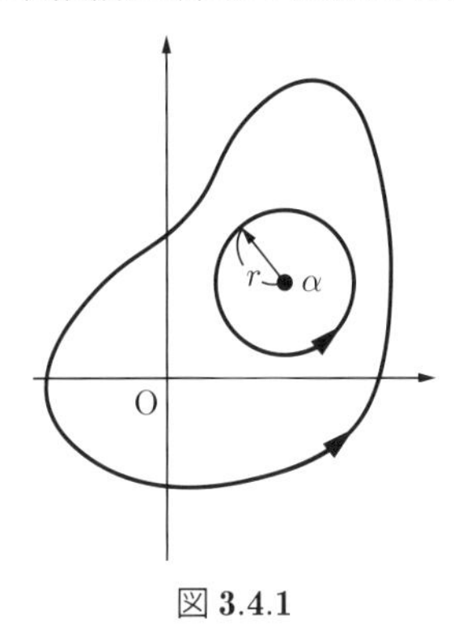

図 **3.4.1**

Example 3.4.1

Cとして以下に与えられた点を中心とした半径1の円周をとったとき，積分

$$\oint_C \frac{e^z}{z^2-1}dz$$

の値を求めなさい．

(1) $z=1$　(2) $z=1/2$　(3) $z=-1$　(4) $z=-i$

[Answer]

(1) もとの積分は

$$\oint_C \frac{e^z}{z+1}\frac{dz}{z-1}$$

となります．そこで $f(z) = e^z/(z+1)$ とみなしてコーシーの積分公式を適用すれば

$$\oint_C \frac{e^z}{z^2-1}dz = \oint_C \frac{f(z)}{z-1}dz = 2\pi i f(1) = \frac{2\pi i e}{2} = \pi e i$$

(2) 積分路上および内部において特異点は $z=1$ だけです．したがって，(1) と同じで積分値は $\pi e i$ です．

(3) もとの積分は

$$\oint_C \frac{e^z}{z-1}\frac{dz}{z+1}$$

となります．そこで $f(z) = e^z/(z-1)$ とみなしてコーシーの積分公式を適用すれば

$$\oint_C \frac{e^z}{z^2-1}dz = \oint_C \frac{f(z)}{z+1}dz = 2\pi i f(-1) = \frac{2\pi i}{-2e} = -\frac{\pi i}{e}$$

(4) 積分路上および内部において特異点はありません．したがって，コーシーの積分定理から積分値は 0 になります．

コーシーの積分公式を利用して，正則関数の導関数を式(3.4.1) のような積分で表してみます．極限をとる前の微分の定義式にコーシーの積分公式を適用すると

$$\begin{aligned}\frac{f(z+\Delta z)-f(z)}{\Delta z} &= \frac{1}{2\pi i \Delta z}\left(\oint_C \frac{f(\zeta)}{\zeta-(z+\Delta z)}d\zeta - \oint_C \frac{f(\zeta)}{\zeta - z}d\zeta\right)\\ &= \frac{1}{2\pi i}\oint_C \frac{f(\zeta)}{(\zeta-z)(\zeta-z-\Delta z)}d\zeta\end{aligned}$$

となります．したがって，$\Delta z \to 0$ の極限において

$$\frac{df}{dz} = \frac{1}{2\pi i}\oint_C \frac{f(\zeta)}{(\zeta - z)^2}d\zeta \tag{3.4.2}$$

となります．

2 階導関数についても，式(3.4.2) から

$$\begin{aligned}\frac{f'(z+\Delta z) - f'(z)}{\Delta z} &= \frac{1}{2\pi i\Delta z}\left(\oint_C \frac{f(\zeta)}{(\zeta - (z+\Delta z))^2}d\zeta - \oint_C \frac{f(\zeta)}{(\zeta - z)^2}d\zeta\right) \\ &= \frac{1}{2\pi i}\oint_C \frac{f(\zeta)(2(\zeta - z) - \Delta z)}{(\zeta - z)^2(\zeta - z - \Delta z)^2}d\zeta\end{aligned}$$

となるため，$\Delta z \to 0$ の極限で

$$\frac{d^2 f}{dz^2} = \frac{2}{2\pi i}\oint_C \frac{f(\zeta)}{(\zeta - z)^3}d\zeta$$

となります．同様の手続きを繰り返せば

Point

$$\frac{d^n f}{dz^n} = \frac{n!}{2\pi i}\oint_C \frac{f(\zeta)}{(\zeta - z)^{n+1}}d\zeta \tag{3.4.3}$$

が得られます．

この公式を用いれば，$f(z)$ が正則な場合にその導関数が計算できるため，導関数が存在することもわかります．すなわち，

領域 D において，$f(z)$ が正則であれば，何回でも微分可能である

ことを意味しています．

Problems　　Chapter 3

1. 次の複素積分の値を求めなさい.

(a) $\displaystyle\int_C |z|^2 dz$　($C : |z| = 1$ の上半分)

(b) $\displaystyle\int_C \mathrm{Re}(z) dz$　(C：$(0,\ -1), (2,3)$ を結ぶ直線)

2. 不定積分を用いて次の複素積分の値を求めなさい.

(a) $\displaystyle\int_{1+i}^{1-i} z^3 dz$

(b) $\displaystyle\int_0^i \sinh z dz$

(c) $\displaystyle\int_{-\pi i}^{0} z \cos z dz$

3. コーシーの積分公式(または積分定理) を用いて複素積分

$$\oint_C \frac{z^3}{(z-2)(z+1)}$$

の値を，Cが次の場合について求めなさい.

(a) $|z| = \sqrt{2}$

(b) $|z - i| = 3$

(c) $z = 1 - i, z = 1 + i, z = -4 + i$ を頂点にもつ三角形

4. $\log z$ を単位円に沿って次の場合について積分しなさい.

(a) 点 $(1,0)$ から出発して反時計まわりに原点を 1 周する積分路.

(b) 点 $(0,1)$ から出発して反時計まわりに原点を 2 周する積分路.

Chapter 4

関数の展開

4.1 べき級数

zを変数とする複素級数の中で

$$\begin{aligned} f(z) &= a_0 + a_1(z-z_0) + a_2(z-z_0)^2 + \cdots + a_n(z-z_0)^n + \cdots \\ &= \sum_{n=0}^{\infty} a_n(z-z_0)^n \end{aligned} \tag{4.1.1}$$

を**べき級数**といいます．式(4.1.1) において，n 乗の項までの部分和を $S_n(z)$ と書くことにすれば，

$$S_n(z) = a_0 + a_1(z-z_0) + a_2(z-z_0)^2 + \cdots + a_n(z-z_0)^n \tag{4.1.2}$$

です．ある z に対して部分和(4.1.2) が $n \to \infty$ のとき一定値になるならば，べき級数(4.1.1) は点 z において収束するといい，収束しない場合を発散するといいます．

一般に，べき級数(4.1.1) に対して，$|z-z_0| < R$ を満足する場合に収束し，$|z-z_0| > R$ を満足する場合に発散するような R が存在します．この R のことをべき級数の**収束半径**といいます．したがって，べき級数は z_0 を中心として収束半径 R を半径とする円内に含まれる z に対して収束します．この円のことを**収束円**といいます．$R = \infty$ のときはすべての z について収束します．

1 章で例にとったべき級数

$$f(z) = 1 + z + z^2 + \cdots + z^n + \cdots$$

は $|z| < 1$ のとき収束し，$|z| > 1$ のとき発散したので収束半径は 1 になります．

べき級数(4.1.1) の収束半径 R を求めるためには，実変数の場合と同様の以下の式が役に立ちます．

Point

(1) $\dfrac{1}{R} = \lim_{n\to\infty}\left|\dfrac{a_{n+1}}{a_n}\right|$

(2) $\dfrac{1}{R} = \overline{\lim_{n\to\infty}}\,|a_n|^{1/n}$

(1) を**ダランベールの方法**，(2) を**コーシー・アダマールの方法**といいます．ただし, $1/R = 0$ のときは $R = \infty$ であり, $1/R = \infty$ のときは $R = 0$ です．(1) の公式は隣接した項の間の関係であるため，隣接した項がない場合には使えませんが，(2) はひとつの項だけの関係であるため，より一般的です．

Example 4.1.1

次のべき級数の収束半径を求めなさい．

(1) $\displaystyle\sum_{n=1}^{\infty}\frac{z^2}{n^2}$　(2) $\displaystyle\sum_{n=0}^{\infty}n!z^n$　(3) $\displaystyle\sum_{n=1}^{\infty}\frac{10^n}{n!}z^n$　(4) $\displaystyle\sum_{n=0}^{\infty}3^n z^{2n}$

[Answer]

(1)，(2)，(3) についてはダランベールの方法，(4) については項がひとつおきになっているためコーシー・アダマール方法を用います．

(1) $\dfrac{1}{R} = \lim_{n\to\infty}\left|\dfrac{1/(n+1)^2}{1/n^2}\right| = \lim_{n\to\infty}\left|\dfrac{n^2}{(n+1)^2}\right| = \lim_{n\to\infty}\left|\dfrac{1}{(1+1/n)^2}\right| = 1$

より $R = 1$

(2) $\dfrac{1}{R} = \lim_{n\to\infty}\left|\dfrac{(n+1)!}{n!}\right| = \lim_{n\to\infty}(n+1) = \infty$　より $R = 0$

(3) $\dfrac{1}{R} = \lim_{n\to\infty}\left|\dfrac{10^{n+1}/(n+1)!}{10^n/n!}\right| = \lim_{n\to\infty}\left|\dfrac{10}{n+1}\right| = 0$　より $R = \infty$

(4) この場合，奇数のベキの項が 0 であるため次のようにします．

$$\frac{1}{R} = \overline{\lim_{n\to\infty}}\,|a_n|^{1/n} = \lim_{n\to\infty}|a_{2n}|^{1/2n} = \lim_{n\to\infty}|3^n|^{1/2n} = \sqrt{3}$$

より $R = 1/\sqrt{3}$

紙面の関係で証明しませんが，べき級数は以下のような非常に重要な性質をもっています．

Point

1. べき級数は収束円内で正則である．
2. べき級数は収束円内で項別微分と項別積分できる．
3. べき級数を項別微分や項別積分してできたべき級数はもとのべき級数と同じ収束半径をもつ．

4.2 テイラー展開

前節の終わりの部分で，べき級数は収束円内で正則であることを述べましたが，本節では逆に正則関数をべき級数で表すことを考えます．それには，コーシーの積分公式(3.4.1) が基本になりなります．いま，式(3.4.1) の被積分関数のなかで$1/(\zeta - z)$の部分をとりだして以下のように変形します：

$$\frac{1}{\zeta - z} = \frac{1}{\zeta - z_0 - (z - z_0)} = \frac{1}{\zeta - z_0}\left(1 - \frac{z - z_0}{\zeta - z_0}\right)^{-1}$$

ただし、z_0は正則領域内の1点です．ここで，$|s| < 1$のとき

$$(1 - s)^{-1} = 1 + s + s^2 + \cdots + s^n + \cdots$$

となることを用いれば，

$$\left|\frac{z - z_0}{\zeta - z_0}\right| < 1 \tag{4.2.1}$$

のとき，

$$\frac{1}{\zeta - z} = \frac{1}{\zeta - z_0}\left(1 + \frac{z - z_0}{\zeta - z_0} + \cdots + \left(\frac{z - z_0}{\zeta - z_0}\right)^n + \cdots\right)$$

となります．これをコーシーの積分公式に代入して，収束円内でべき級数が項別微分できることを用いれば

$$
\begin{aligned}
f(z) =& \frac{1}{2\pi i}\oint_C \frac{f(\zeta)}{\zeta - z_0}d\zeta + \frac{z-z_0}{2\pi i}\oint_C \frac{f(\zeta)}{(\zeta - z_0)^2}d\zeta \\
&+ \frac{(z-z_0)^2}{2\pi i}\oint_C \frac{f(\zeta)}{(\zeta - z_0)^3}d\zeta + \cdots \\
&+ \frac{(z-z_0)^n}{2\pi i}\oint_C \frac{f(\zeta)}{(\zeta - z_0)^{n+1}}d\zeta + \cdots
\end{aligned}
$$

となります．ここで式(3.4.3) から

$$
\frac{1}{2\pi i}\oint_C \frac{f(\zeta)}{(\zeta - z_0)^{n+1}}dz = \frac{1}{n!}f^{(n)}(z_0)
$$

であることを用いれば

$$
\begin{aligned}
f(z) =& f(z_0) + \frac{f'(z_0)}{1!}(z-z_0) + \frac{f''(z_0)}{2!}(z-z_0)^2 \\
&+ \cdots + \frac{f^{(n)}(z_0)}{n!}(z-z_0)^n + \cdots
\end{aligned}
\tag{4.2.2}
$$

となります．これは実関数の場合のテイラー展開の式と形式的に全く同じ形をしているため，**複素関数のテイラー展開**といいます．

上で述べたことをまとめると以下のようになります．

Point

関数 $f(z)$ は領域 D で正則であるとする．D 内の一点 z_0 を中心として半径 R の円の内部および周が D に含まれているとする．このとき，$|z-z_0| < R$ を満足するすべての z に対して $f(z)$ を

$$
\begin{aligned}
f(z) =& f(z_0) + \frac{f'(z_0)}{1!}(z-z_0) + \frac{f''(z_0)}{2!}(z-z_0)^2 \\
&+ \cdots + \frac{f^{(n)}(z_0)}{n!}(z-z_0)^n + \cdots
\end{aligned}
\tag{4.2.3}
$$

の形に展開できる．

Example 4.2.1

次の関数を $z=0$ のまわりでテイラー展開しなさい．

（1）$f(z)=e^z$　　（2）$f(z)=\sin z$

[Answer]

（1）e^z は z で何回微分しても e^z であり，また $e^0=1$ です．

したがって，式(4.2.3) で $z_0=0$ とおいてこのことを使えば

$$e^z=1+\frac{z}{1!}+\frac{z^2}{2!}+\cdots=\sum_{n=0}^{\infty}\frac{z^n}{n!}$$

となります．

（2）$(\sin z)'=\cos z,\qquad (\cos z)'=-\sin z$ などから

$$(\sin z)^{(2m)}=(-1)^m\sin z,\qquad (\sin z)^{(2m+1)}=(-1)^m\cos z$$

となります．したがって，$f(z)=\sin z$ のとき

$$f^{(2m)}(0)=0,\qquad f^{(2m+1)}(0)=(-1)^m\cos 0=(-1)^m$$

となるため，式(4.2.3) で $z_0=0$ とおいた式は以下のようになります．

$$\sin z=\frac{z}{1!}-\frac{z^3}{3!}+\frac{z^5}{5!}-\cdots=\sum_{m=0}^{\infty}\frac{(-1)^m}{(2m+1)!}z^{2m+1}$$

なお，これらの級数は $z=\infty$ を除くすべての点において収束します．

テイラー展開は上のように公式を用いても計算できますが，ともかく関数をべき級数で表せばよいため，いろいろな方法が考えられます．以下，具体例を示します．

4.2.1　幾何級数の応用

前節で述べたように $|s|<1$ のとき

$$\frac{1}{1-s}=1+s+s^2+\cdots=\sum_{n=0}^{\infty}s^n$$

が成り立ちます（**幾何級数**）．この関係は有理関数のテイラー展開に応用できます．

Example 4.2.2

次の関数を括弧内の点のまわりにテイラー展開しなさい.

(1) $f(z) = \dfrac{1}{2+z}$ $(z=0)$

(2) $f(z) = \dfrac{1}{z^2-3z+2}$ $(z=0)$

(3) $f(z) = \dfrac{1}{1-z}$ $(z=-2)$

[Answer]

(1) $s = -z/2$ と考え以下のように変形します.

$$\frac{1}{2+z} = \frac{1}{2}\frac{1}{1-(-z/2)} = \frac{1}{2}\left(1+\frac{-z}{2}+\left(\frac{-z}{2}\right)^2+\cdots\right)$$
$$= \frac{1}{2} - \frac{z}{2^2} + \frac{z^2}{2^3} - \frac{z^3}{2^4} + \cdots$$

(2) 部分分数に分解した上で (1) と同じように考えます.

$$\begin{aligned}\frac{1}{z^2-3z+2} &= \frac{1}{(z-2)(z-1)}\\ &= \frac{1}{1-z} - \frac{1}{2-z}\\ &= (1+z+z^2+\cdots) - \frac{1}{2}\left(1+\frac{z}{2}+\left(\frac{z}{2}\right)^2+\cdots\right)\\ &= \frac{1}{2} + \frac{3}{4}z + \frac{7}{8}z^2 + \frac{15}{16}z^4 + \cdots\end{aligned}$$

(3) $z+2$ のベキで表すため,

$$1-z = 3-(z+2) = 3(1-(z+2)/3)$$

と考えます.

$$\begin{aligned}\frac{1}{1-z} &= \frac{1}{3}\frac{1}{1-(z+2)/3}\\ &= \frac{1}{3}\left(1+\frac{(z+2)}{3}+\left(\frac{(z+2)}{3}\right)^2+\cdots\right)\\ &= \frac{1}{3} + \frac{1}{3^2}(z+2) + \frac{1}{3^3}(z+2)^2 + \frac{1}{3^4}(z+2)^3 + \cdots\end{aligned}$$

4.2.2 積分の利用

積分を利用してテイラー展開を求めることもできます.

Example 4.2.2

次の関数をテイラー展開しなさい.

(1) $f(z) = \log(1-z)$　　(2) $f(z) = \tan^{-1} z$

[Answer]

$$\frac{1}{1-t} = 1 + t + t^2 + t^3 + \cdots$$

$$\frac{1}{1+t^2} = 1 - t^2 + t^4 - t^6 + \cdots$$（上の例で t を $-t^2$ でおきかえます）

を 0 から z まで積分します. このとき次のようになります.

(1)
$$\begin{aligned}\log(1-z) &= -\int_0^z \frac{1}{1-t}dt \\ &= -\int_0^z (1 + t + t^2 + \cdots)dt \\ &= -\left[t + \frac{t^2}{2} + \frac{t^3}{3} + \cdots\right]_0^z = -z - \frac{z^2}{2} - \frac{z^3}{3} - \cdots\end{aligned}$$

(2)
$$\begin{aligned}\tan^{-1} z &= \int_0^z \frac{1}{1+t^2}dt \\ &= \int_0^z (1 - t^2 + t^4 - \cdots)dt \\ &= z - \frac{z^3}{3} + \frac{z^5}{5} - \frac{z^7}{7} + \cdots\end{aligned}$$

4.2.3　既知の展開の利用

すでにわかっている関数のテイラー展開を利用する方法もあります.

Example 4.2.3

次の関数の $z=0$ のまわりのテイラー展開の最初の 3 項を求めなさい.

(1) $f(z)=\cosh z$　(2) $f(z)=\dfrac{1}{(z-1)^2}$　(3) $f(z)=\tan z$

[Answer]

(1) $e^z = 1+z/1!+z^2/2!+\cdots$ の z のかわりに $-z$ を代入して

$$e^{-z}=1-z/1!+z^2/2!-\cdots$$

したがって,

$$\cosh z=\frac{1}{2}(e^z+e^{-z})=1+\frac{z^2}{2!}+\frac{z^4}{4!}+\cdots$$

(2) $1/(1-z)=1+z+z^2+z^3+\cdots$ の両辺を z で微分すれば

$$\frac{1}{(z-1)^2}=1+2z+3z^2+\cdots$$

(3) $\sin z=\cos z\tan z$ であることと $\tan z$ が奇関数であるため

$$\tan z=a_1z+a_3z^3+a_5z^5+\cdots$$

とおけることを利用します. すなわち

$$z-\frac{z^3}{3!}+\frac{z^5}{5!}+\cdots=\left(1-\frac{z^2}{2!}+\frac{z^4}{4!}-\cdots\right)(a_1z+a_3z^3+\cdots)$$

であるため, 右辺を展開して各ベキを比較すれば

$$1=a_1,\quad -\frac{1}{3!}=-\frac{a_1}{2!}+a_3,\quad \frac{1}{5!}=\frac{a_1}{4!}-\frac{a_3}{2!}+a_5$$

となります. これらから未定の係数が定まり次のような式が得られます.

$$\tan z=z+\frac{1}{3}z^3+\frac{2}{15}z^5-\cdots$$

4.3　ローラン展開と特異点の分類

テイラー展開を行うということは $f(z)$ が正則な領域 D において，D に含まれる 1 点 z_0 において，$f(z)$ をべき級数で表すことでした．次に $f(z)$ が z_0 で正則でない場合（**特異点**といいます）にはどのようになるかについて考えてみます．

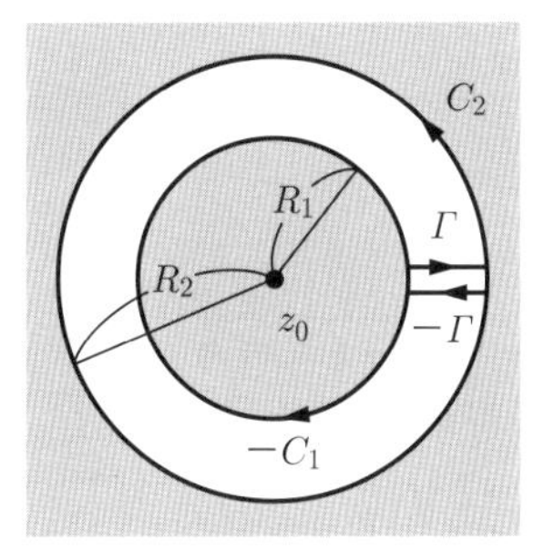

図 **4.3.1**

図 4.3.1 において，$z = z_0$ が正則関数 $f(z)$ の特異点であるとします．z_0 を中心とする半径 R_1 および R_2 の円周上および 2 つの円に挟まれた領域で $f(z)$ は正則であるとします．このとき，図に示すように 2 つの円周に方向をつけて C_1 と C_2 とし，また 2 つの円周をつなぐ切断を入れて，切断の上下を Γ と $-\Gamma$ とします．このとき $C = C_2 + (-\Gamma) + (-C_1) + \Gamma$ で囲まれた領域は単連結領域で内部に特異点を含まないため，コーシーの積分公式が適用でき，この領域内の点 z に対して

$$\begin{aligned} f(z) &= \frac{1}{2\pi i}\oint_C \frac{f(\zeta)}{\zeta - z}d\zeta \\ &= \frac{1}{2\pi i}\oint_{C_2} \frac{f(\zeta)}{\zeta - z}d\zeta + \frac{1}{2\pi i}\oint_{-\Gamma} \frac{f(\zeta)}{\zeta - z}d\zeta + \frac{1}{2\pi i}\oint_{-C_1} \frac{f(\zeta)}{\zeta - z}d\zeta \\ &\quad + \frac{1}{2\pi i}\oint_{\Gamma} \frac{f(\zeta)}{\zeta - z}d\zeta \\ &= \frac{1}{2\pi i}\oint_{C_2} \frac{f(\zeta)}{\zeta - z}d\zeta - \frac{1}{2\pi i}\oint_{C_1} \frac{f(\zeta)}{\zeta - z}d\zeta \end{aligned} \tag{4.3.1}$$

となります．ただし，切断上の 2 つの積分は互いに打ち消し合うことを用いました．

環状領域内の点 z と C_2 上の点 ζ に対して式(4.2.1)が成り立ちます．したがって，式(4.3.1）の最右辺の第 1 項の積分については，テイラー展開で行った変形がそのまま適用できて，式(4.2.2）の右辺のように書けます．すなわち（導関数を用いずに表現すれば），

$$\frac{1}{2\pi i}\oint_{C_2}\frac{f(\zeta)}{\zeta - z}d\zeta = \sum_{n=0}^{\infty} c_n(z - z_0)^n, \quad c_n = \frac{1}{2\pi i}\oint_{C}\frac{f(\zeta)}{(\zeta - z_0)^{n+1}}d\zeta \tag{4.3.2}$$

となります．式(4.3.1）の第 2 項の積分に対しては C_1 上の点 ζ に対して，

$$\left|\frac{\zeta - z_0}{z - z_0}\right| < 1$$

が成り立つため，$1/(\zeta - z)$ を次のように変形します．

$$\begin{aligned}
\frac{1}{\zeta - z} &= \frac{1}{\zeta - z_0 - (z - z_0)} \\
&= -\frac{1}{z - z_0}\left(1 - \frac{\zeta - z_0}{z - z_0}\right)^{-1} \\
&= -\frac{1}{z - z_0}\left(1 + \frac{\zeta - z_0}{z - z_0} + \cdots + \left(\frac{\zeta - z_0}{z - z_0}\right)^n + \cdots\right)
\end{aligned}$$

これを式(4.3.1）の最右辺の第 2 項に代入すれば

$$-\frac{1}{2\pi i}\oint_{C_1}\frac{f(\zeta)}{\zeta - z}dz = \sum_{n=1}^{\infty} d_n(z - z_0)^{-n}, \quad d_n = \frac{1}{2\pi i}\oint_{C_1} f(\zeta)(\zeta - z_0)^{n-1}d\zeta \tag{4.3.3}$$

となります．ここで式(4.3.3）の d_n を与える式は，式(4.3.2）の c_n を与える式の n のかわりに $-n$ とした式に一致します（環状領域で被積分関数は正則なので，C_2 に沿う積分と C_1 に沿う積分の値が同じです）．すなわち，$d_n = c_{-n}$ となります．式(4.3.2)，(4.3.3）から $f(z)$ は次のように展開できることがわかります．

Point

$$f(z) = \sum_{n=-\infty}^{\infty} c_n (z-z_0)^n$$
$$= \cdots + \frac{c_{-n}}{(z-z_0)^n} + \cdots + \frac{c_{-1}}{z-z_0} + c_0 + c_1(z-z_0) + \cdots + c_n(z-z_0)^n + \cdots \tag{4.3.4}$$

ただし

$$c_n = \frac{1}{2\pi i}\oint_{C_1} \frac{f(\zeta)}{(\zeta - z_0)^{n+1}} d\zeta \quad (n = 0, \pm 1, \pm 2, \cdots) \tag{4.3.5}$$

です．これを**ローラン展開**といいます．ここで，もし z_0 が $f(z)$ の正則点であるとすれば，コーシーの定理から被積分関数は正則であるため，負のべきの係数は 0 になります．すなわち，ローラン展開はテイラー展開と一致します．

ある関数を特異点のまわりにローラン展開する場合，公式を用いることはまずありません．すなわち，なんらかの方法で負のべきを含んだ形に表せばよいため，テイラー展開で用いた方法が役に立ちます．以下，具体例をいくつか示すことにします．

Example 4.3.1

関数

$$f(z) = \frac{1}{(z-1)(z+2)}$$

を以下の 3 とおりの領域において括弧内の点のまわりでローラン展開しなさい．

(1)　$1 < |z| < 2 \quad (z = 0)$

(2)　$0 < |z-1| < 3 \quad (z = 1)$

(3)　$|z+2| > 3 \quad (z = -2)$

[**Answer**]

(1) $f(z)=\dfrac{1}{3}\left(\dfrac{1}{z-1}-\dfrac{1}{z+2}\right)$

と変形します．$1<|z|<2$であるため，$|1/z|<1$，$|z/2|<1$です．したがって，

$$\frac{1}{z-1}=\frac{1}{z}\frac{1}{1-1/z}=\frac{1}{z}\left(1+\frac{1}{z}+\frac{1}{z^2}+\cdots\right)$$

$$\frac{1}{z+2}=\frac{1}{2}\frac{1}{1+z/2}=\frac{1}{2}\left(1-\frac{z}{2}+\frac{z^2}{2^2}-\cdots\right)$$

したがって，

$$\frac{1}{(z-1)(z+2)}=\frac{1}{3}\left(\cdots+\frac{1}{z^3}+\frac{1}{z^2}+\frac{1}{z}-\frac{1}{2}+\frac{z}{2^2}-\frac{z^2}{2^3}+\cdots\right)$$

(2) $0<|z-1|/3<1$ であるため

$$\frac{1}{z+2}=\frac{1}{(z-1)+3}=\frac{1}{3}\frac{1}{1+(z-1)/3}$$
$$=\frac{1}{3}\left(1-\frac{z-1}{3}+\frac{(z-2)^2}{3^2}-\cdots\right)$$

したがって，

$$\frac{1}{(z-1)(z+2)}=\frac{1}{3(z-1)}-\frac{1}{3^2}+\frac{(z-1)}{3^3}-\frac{(z-1)^2}{3^4}+\cdots$$

(3) $\dfrac{1}{3}|z+2|>1$ すなわち $\dfrac{3}{|z+2|}<1$ であるため

$$\frac{1}{z-1}=\frac{1}{(z+2)-3}=\frac{1}{z+2}\frac{1}{1-3/(z+2)}$$
$$=\frac{1}{z+2}\left(1+\frac{3}{z+2}+\frac{3^2}{(z+2)^2}+\cdots\right)$$

したがって，

$$\frac{1}{(z-1)(z+2)}=\frac{1}{(z+2)^2}+\frac{3}{(z+2)^3}+\frac{3^2}{(z+2)^4}+\cdots$$

Example 4.3.2

次の関数について，$z=0$ のまわりのローラン展開の最初の 3 項を求めなさい．

(1) $z^2\sinh\left(\dfrac{1}{z^2}\right)$ (2) $\operatorname{cosec} z$

[Answer]

(1) $\sinh\zeta = \dfrac{1}{2}(e^{\zeta}-e^{-\zeta}) = \zeta + \dfrac{\zeta^3}{3!} + \dfrac{\zeta^5}{5!} + \cdots$

$$
\begin{aligned}
z^2\sinh\left(\frac{1}{z^2}\right) =& z^2\left(\frac{1}{z^2} + \frac{1}{3!z^6} + \frac{1}{5!z^{10}} + \cdots\right)\\
=& 1 + \frac{1}{6z^4} + \frac{1}{120z^8} + \cdots
\end{aligned}
$$

(2)
$$
\begin{aligned}
\operatorname{cosec} z =& \frac{1}{\sin z}\\
=& \frac{1}{z}\frac{1}{1-(z^2/3!-z^4/5!+\cdots)}\\
=& \frac{1}{z}(1+(z^2/3!-z^4/5!+\cdots)+(z^2/3!-z^4/5!+\cdots)^2+\cdots\\
=& \frac{1}{z}+\frac{z}{6}+\frac{7z^3}{360}+\cdots
\end{aligned}
$$

z_0 を $f(z)$ の特異点とします．この z_0 の近傍 ($|z-z_0|<\varepsilon$) において $f(z)$ が正則で特異点がない場合，z_0 を**孤立特異点**といいます．この孤立特異点まわりで $f(z)$ をローラン展開してみます．このとき，前節の C_1 として，z_0 を中心とする円を選びます．z_0 は孤立特異点であるため，C_1 内に z_0 以外には特異点がないようにできます．また C_2 として，z_0 を中心とした非常に半径の小さな円をとり，2 つの円ではさまれた円環領域内に含まれる閉曲線をひとつ選び C とします．このとき，前述のように

$$
f(z) = \sum_{n=-\infty}^{\infty} a_n(z-z_0)^n
$$

ただし，

$$a_n = \frac{1}{2\pi i}\oint_C \frac{f(\zeta)}{(\zeta - z_0)^{n+1}} ds \qquad (n：整数)$$

と書くことができます．この展開において，負のべきの項を**ローラン展開の主要部**とよんでいます．$f(z)$ や z_0 により，主要部がなかったり，あっても有限項で切れたり，無限に続いたりします．このような主要部の振る舞いにより特異点の分類ができます．

1. 主要部がなく，ふつうのべき級数で表される場合，すなわち

   $$f(z) = a_0 + a_1(z - z_0) + a_2(z - z_0)^2 + \cdots + a_n(z - z_0)^n + \cdots$$

   と書ける場合．このとき，$f(z_0) = a_0$ であれば z_0 は特異点ではありませんが，$f(z_0) = b$ でしかも $b \neq a_0$ と定義されていれば，z_0 は見かけ上特異点になります．しかし，この場合，$f(z)$ を点 z_0 で $f(z_0) = a_0$ と定義しなおせば，z_0 は特異点ではなくなります．このような特異点を**除去可能な特異点**であるといいます．

2. 主要部が有限項で切れる場合，すなわち

   $$f(z) = \sum_{m=0}^{\infty} a_m(z - z_0)^m + \frac{a_{-1}}{z - z_0} + \frac{a_{-2}}{(z - z_0)^2} + \cdots + \frac{a_{-n}}{(z - z_0)^n}$$

   と書ける場合．このとき z_0 を極といいます．特に上のように n 項で切れている場合，n を極の**位数**といいます．すなわち，この場合は n 位の極になります．

3. 主要項が無限に続く場合．この場合の特異点を**真性特異点**といいます．

Problems　Chapter 4

1. 次のベキ級数の収束半径を求めなさい.

(a) $\displaystyle\sum_{n=0}^{\infty}\frac{z^n}{n^n}$　(b) $\displaystyle\sum_{n=1}^{\infty}\frac{z^n}{2^n(n+1)}$　(c) $\displaystyle\sum_{n=0}^{\infty}\frac{(-1)^n}{(2n)!}z^{2n}$

2. ベキ級数

$$\sum_{n=0}^{\infty}a_n z^n$$

の収束半径が r である場合に，次のベキ級数の収束半径を求めなさい.

(a) $\displaystyle\sum_{n=0}^{\infty}a_n\left(\frac{z}{b}\right)^n$　(b) $\displaystyle\sum_{n=0}^{\infty}|a_n|^2 z^n$　(c) $\displaystyle\sum_{n=0}^{\infty}a_n z^{4n}$

3. α が実数のとき

$$\frac{1}{(1+z)^{\alpha}}=1-\alpha z+\frac{\alpha(\alpha+1)}{2!}z^2-\frac{\alpha(\alpha+1)(\alpha+2)}{3!}z^3+\cdots$$

が成り立つ（2 項展開）ことを利用して $1/\sqrt{1-z^2}$ を $z=0$ のまわりにテイラー展開しなさい．さらに，得られた式を項別積分することにより，$\sin^{-1}z$ を $z=0$ のまわりにテイラー展開しなさい.

4. 次の関数を括弧内の点のまわりにテイラー展開したときのはじめの数項を求めなさい.

(a) $\sinh(2z)$　$(z=0)$

(b) $\dfrac{1}{z^2}$　$(z=-1)$

(c) $\displaystyle\sqrt{z}\int_0^z\frac{\sin t}{\sqrt{t}}dt$　$(z=0)$

5. 次の関数を括弧内の点のまわりにローラン展開したときのはじめの数項を求めなさい.

(a) $\dfrac{1}{z^2(z+3)}$　$(z=0)$

(b) $\dfrac{\sin z}{(z-\pi)^2}$　$(z=\pi)$

(c) $z^3 e^{-1/z^2}$　$(z=0)$

6. 関数

$$f(z)=\frac{1}{1-z-2z^2}$$

を括弧内に示す点のまわりにテイラー展開またはローラン展開しなさい.

(a) $|z|>1$　$(z=0)$

(b) $\dfrac{1}{2}<|z|<1$　$(z=0)$

(c) $\left|z+\dfrac{1}{2}\right|<\dfrac{1}{2}$　$\left(z=-\dfrac{1}{2}\right)$

Chapter 5

留数定理とその応用

5.1 留数定理

関数 $f(z)$ の $z = z_0$ まわりのローラン展開(4.3.4) において，$1/(z-z_0)$ の係数 c_{-1} は式(4.3.5) から，

$$\oint_c f(z)dz = 2\pi i c_{-1} \tag{5.1.1}$$

となり，**周回積分**の値と密接な関係があります．このことは，ローラン展開における係数 c_{-1} がわかれば，$f(z)$ の周回積分の値が計算できることを意味しています．このように c_{-1} には特別な意味があり，$f(z)$ の $z = z_0$ における**留数**とよび，

$$\mathrm{Res}\,[f, z_0] \quad \text{または簡単に} \quad \mathrm{Res}(z_0)$$

などといった記号で表します．

$z = z_0$ が極の場合には，留数を求めるために，$f(z)$ をわざわざローラン展開する必要はなく，簡便な方法があります．はじめに $z = z_0$ が 1 位の極であれば，$f(z)$ のローラン展開は

$$f(z) = \frac{c_{-1}}{z - z_0} + c_0 + c_1(z - z_0) + \cdots$$

となります．したがって，この式の両辺に $z - z_0$ をかけて $z \to z_0$ とすれば

$$\lim_{z \to z_0}(z - z_0)f(z) = \lim_{z \to z_0}(c_{-1} + c_0(z - z_0) + c_1(z - z_0)^2 + \cdots = c_{-1}$$

すなわち，

Point

$$c_{-1} = \lim_{z \to z_0}(z - z_0)f(z) \tag{5.1.2}$$

となります．

次に $z = z_0$ が k 位の極の場合には

$$f(z) = \frac{c_{-k}}{(z-z_0)^k} + \cdots + \frac{c_{-1}}{z-z_0} + c_0 + c_1(z-z_0) + \cdots$$

であるため，両辺に $(z-z_0)^k$ をかけて $k-1$ 回微分します．その結果，

$$\begin{aligned}&\frac{d^{k-1}}{dz^{k-1}}[(z-z_0)^k f(z)] \\ &= (k-1)!c_{-1} + \frac{k!}{1!}c_0(z-z_0) + \frac{(k+1)!}{2!}c_1(z-z_0)^2 + \cdots\end{aligned}$$

となります．したがって，この式において $z \to z_0$ とした式から

Point

$$c_{-1} = \frac{1}{(k-1)!}\lim_{z\to z_0}\frac{d^{k-1}}{dz^{k-1}}[(z-z_0)^k f(z)] \tag{5.1.3}$$

が得られます．

領域 D において，閉曲線 C 内に N 個の極があるとします．それぞれの極 $z = z_n$ だけを内部に含む閉曲線を C_n と書くことにすれば，コーシーの積分定理は

$$\oint_C f(z)dz = \sum_{n=1}^{N}\oint_{C_n} f(z)dz$$

となります（図 5.1.1）．右辺の各積分を留数で表せば

Point

$$\oint_C f(z)dz = 2\pi i\sum_{n=1}^{N}\mathrm{Res}[f, z_n] \tag{5.1.4}$$

となります．これを**留数定理**とよんでいます．

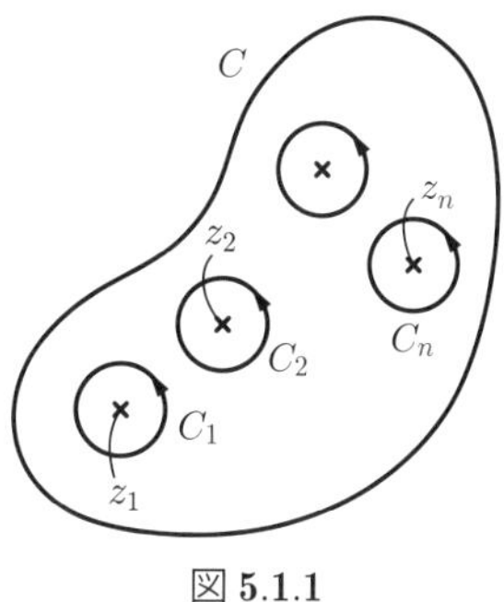

図 **5.1.1**

以下に留数定理を応用して積分の値を求めてみます.

Example 5.1.1

留数定理を用いて次の積分を求めなさい.

$$\oint_C ze^{1/z}dz \quad (C : |z| = 1)$$

[Answer]

積分路内には特異点 $z = 0$ があります. 留数は

$$ze^{1/z} = z\left(1 + \frac{1}{z} + \frac{1}{2z^2} + \cdots\right) = z + 1 + \frac{1}{2z} + \cdots$$

より, 1/2 となります. したがって, 留数定理から

$$\oint_C ze^{1/z}dz = 2\pi i\,\mathrm{Res}\,(0) = \pi i$$

5.2 実関数の定積分

複素積分および留数の定理を用いて種々の実関数の定積分の値を求めることができます. 以下にいくつかの例を用いて, 計算方法を示すことにします.

5.2.1 sinθ, cosθの有理関数

$$\int_0^{2\pi} g(\cos\theta, \sin\theta)d\theta$$

を考えます．ここで g は有理関数です．この積分に対応する複素積分の積分路 C として，複素平面上の単位円を考えると，$z=e^{i\theta}$ とおけます．このとき

$$\frac{dz}{d\theta}=ie^{i\theta}=iz \quad \text{すなわち} \quad d\theta=\frac{1}{iz}dz$$

一方，オイラーの公式から

$$\cos\theta=\frac{e^{i\theta}+e^{-i\theta}}{2}=\frac{1}{2}\left(z+\frac{1}{z}\right)$$
$$\sin\theta=\frac{e^{i\theta}-e^{-i\theta}}{2i}=\frac{1}{2i}\left(z-\frac{1}{z}\right)$$

となります．そこで，

$$g\left(\frac{1}{2}\left(z+\frac{1}{z}\right),\frac{1}{2i}\left(z-\frac{1}{z}\right)\right)=f(z)$$

と書くことにすれば，g が有理関数であるため，$f(z)$ も z の有理関数になり，もとの積分は

$$\int_0^{2\pi}g(\cos\theta,\sin\theta)d\theta=\oint_C f(z)\frac{dz}{iz}$$

という単位円まわりの周回積分になおすことができます．そこで右辺を単位円内にある特異点における留数をつかって計算すれば，左辺の積分が計算できます．

Example 5.2.1

次の定積分の値を求めなさい．ただし，$|a|\neq 1$ とします．

$$I=\int_0^{2\pi}\frac{1}{1-2a\cos\theta+a^2}d\theta$$

[Answer]

$z=e^{i\theta}$ とおくと上の積分は単位円まわりの積分

$$I=\oint_C\frac{dz}{i(z-a)(1-az)}$$

となり，被積分関数は 2 つの極 $z=a,\ z=1/a$ をもちます．$|a|<1$ の場合は，単位円内にある極は $z=a$ だけであり，そこでの留数は

$$\lim_{z \to a} \frac{z-a}{i(z-a)(1-az)} = \frac{1}{i(1-a^2)}$$

です．したがって，

$$I = 2\pi i \frac{1}{i(1-a^2)} = \frac{2\pi}{1-a^2} \quad (|a| < 1)$$

$|a| > 1$ の場合は，単位円内にある極は $z = 1/a$ だけであり，そこでの留数は

$$\lim_{z \to 1/a} \frac{z-1/a}{i(z-a)(1-az)} = \frac{1}{i(a^2-1)}$$

です．したがって，

$$I = 2\pi i \frac{1}{i(a^2-1)} = \frac{2\pi}{a^2-1} \quad (|a| > 1)$$

となります．この結果は次のようにまとめられます．

$$I = \frac{2\pi}{|a^2-1|} \quad (|a| \neq 1)$$

5.2.2 有理関数の広義積分

$f(x)$ を有理関数として次の形の定積分を考えます：

$$\int_{-\infty}^{\infty} f(x)dx = \lim_{R \to \infty} \int_{-R}^{R} f(x)dx$$

この積分は積分区間が有限ではないため**広義積分**とよばれます．この積分に対応する複素積分として，

$$\oint_C f(z)dz$$

をとり，積分路として図 5.2.1 に示すようなものを考えます．このとき，積分路を 2 つに分けると，実軸に沿った積分は求める実積分になります．ただし，実軸上には特異点はないものとします．被積分関数は有理関数なので，積分路内（上半面）の特異点の数はたかだか有限個であるため，留数計算により複素積分が計算できます．以上をまとめれば，半円の半径 R が $R \to \infty$ の極限で

$$\int_{-\infty}^{\infty} f(x)dx + \int_{C_2} f(z)dz = 2\pi i \sum_{n=1}^{N} \mathrm{Res}[f, z_n]$$

となります．ただし，上半面での極を z_1，z_2，$\cdots$，z_n としています．

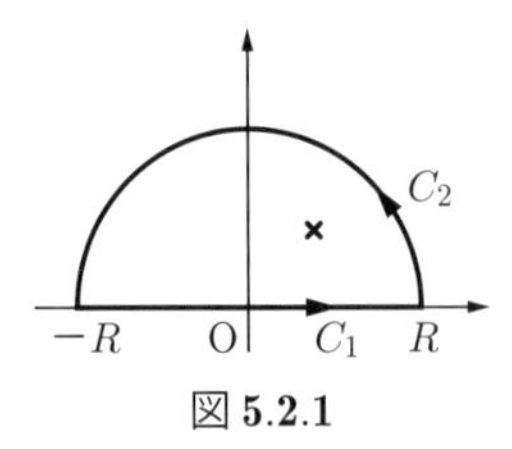

図 **5.2.1**

ここで，<u>有理関数 $f(z)$ の分母の次数が分子の次数より 2 以上大きいとすると半円上の積分が $R \to \infty$ の極限で 0 になる</u>ことが示せます．

実際，仮定から $|z| = r$ が十分に大きいとき

$$|f(z)| < \frac{k}{r^2}$$

となります．したがって，

$$\left|\int_{C_2} f(z)dz\right| < \left|\frac{k}{r^2}\right| \left|\int_{C_2} dz\right| = \frac{k}{r^2} 2\pi r = \frac{k}{r} \to 0$$

となります．したがって，有理関数の分母の次数が分子の次数より 2 以上大きい場合には

$$\int_{-\infty}^{\infty} f(x)dx = 2\pi i \sum_{n=1}^{N} \mathrm{Res}[f, z_n]$$

が成り立ちます．

Example 5.2.2

次の定積分の値を求めなさい．ただし，$a > 0$ とします．

$$I = \int_{-\infty}^{\infty} \frac{1}{x^2 + a^2} dx = \lim_{R \to \infty} \int_{-R}^{R} \frac{dx}{x^2 + a^2}$$

[Answer]

被積分関数は不定積分 $(1/a)\tan^{-1}(x/a)$ をもつため，積分値は簡単に求まりますが，ここでは複素積分を用いて計算することにします．この実積分の値

を求めるために図 5.2.1 に示す閉曲線 C に沿って

$$\oint_C \frac{dz}{z^2+a^2} = \oint_{C_1} \frac{dz}{z^2+a^2} + \oint_{C_2} \frac{dz}{z^2+a^2}$$

を計算します．まず, $R \to \infty$ のとき C_2 に沿う積分が 0 になります．なぜなら,上に述べたように分母の次数が分子の次数より 2 大きいためです．

C_1 に沿う積分は $R \to \infty$ のとき求める積分になります．以上のことから，複素積分の値を計算すればよいことがわかります．被積分関数は $\pm\, a$ に極をもちますが，$a > 0$ であるため積分路内にあるのは ai です．したがって，次式が得られます．

$$\int_{-\infty}^{\infty} \frac{1}{x^2+a^2} dx = \oint_C \frac{dz}{z^2+a^2} = 2\pi i\,\mathrm{Res}\,(ai) = 2\pi i \frac{1}{2ai} = \frac{\pi}{a}$$

5.2.3　sin θ，cos θ と有理関数の積の特異積分

$f(x)$ を有理関数として

$$\int_{-\infty}^{\infty} f(x)\cos kx dx, \quad \int_{-\infty}^{\infty} f(x)\sin kx dx \quad (k：実数)$$

という形の積分を考えます．このような積分はフーリエ積分との関連でしばしば現れます．この積分に対応する複素積分として

$$\oint_C f(z)e^{ikz}dz$$

を考えます．積分路としては，$k > 0$ の場合には図 5.2.1 のような積分路を用います（$k < 0$ のときは図 5.2.1 と x 軸に関して対称な積分路を用います）．このとき，もし半円上の積分が $R \to \infty$ のとき 0 になるならば,

$$\int_{-\infty}^{\infty} f(x)e^{ikx}dx = 2\pi i \sum_{n=1}^{N} \mathrm{Res}\,(f(z_n)e^{ikz_n})$$

となります．ここで $z_n (n = 1, 2, \cdot, N)$ は上半面にあるすべての特異点です．この式の実数部どうし，虚数部どうしを等しいとおけば,

$$\int_{-\infty}^{\infty} f(x)\cos kx dx = -2\pi \sum_{n=1}^{N} \mathrm{Im}\ \mathrm{Res}\,(f(z_n)e^{ikz_n}) \quad (k>0)$$

$$\int_{-\infty}^{\infty} f(x)\sin kx dx = 2\pi \sum_{n=1}^{N} \mathrm{Re}\ \mathrm{Res}\,(f(z_n)e^{ikz_n}) \quad (k>0)$$

が得られます．

半円上の積分は $f(z)$ の分母の次数が分子の次数より 1 以上大きければ 0 になることが知られています（**ジョルダンの補助定理**）．

Example 5.2.3

次の定積分の値を求めなさい．ただし，$a>0$ とします．

$$I = \int_0^{\infty} \frac{\cos x}{x^2+a^2}dx = \lim_{R\to\infty}\int_0^{R} \frac{\cos x}{x^2+a^2}dx$$

[Answer]

図 5.2.1 の積分路に沿った複素積分

$$\oint_C \frac{e^{iz}}{z^2+a^2}dz$$

を考えます．C_1 上では $z=x$ であるため

$$\begin{aligned}\oint_C \frac{e^{iz}}{z^2+a^2}dz = \int_{C_1} \frac{e^{ix}}{x^2+a^2}dx &\to \int_{-\infty}^{\infty} \frac{\cos x}{x^2+a^2}dx \\ &\quad + i\int_{-\infty}^{\infty} \frac{\sin x}{x^2+a^2}dx \\ &= 2\int_0^{\infty} \frac{\cos x}{x^2+a^2}dx\end{aligned}$$

となります．ただし，cos を含んだ積分の被積分関数が偶関数，sin を含んだ積分の被積分関数が奇関数であることを用いました．すなわち，C_1 に沿った積分が求める積分に一致します．一方，C_2 に沿った積分の被積分関数は $R\to\infty$ のとき 0 になります．なぜなら $z=x+iy\,(y>0)$ とおけば

$$|e^{iz}| = e^{-y}|e^{ix}| = e^{-y}$$

となり有界であり，かつ分母の次数が 2 であるからです．以上のことから，求める積分の値は複素積分の値の半分であり

$$\int_0^\infty \frac{\cos x}{x^2+a^2}dx = \frac{1}{2}\oint_C \frac{e^{iz}}{z^2+a^2}dz = \pi i \,\mathrm{Res}\,(ai) = \pi i \frac{e^{-a}}{2ai} = \frac{\pi e^{-a}}{2a}$$

5.2.4 その他

Example 5.2.4

次の定積分の値を求めなさい.

$$\int_0^\infty \frac{\sin x}{x}dx$$

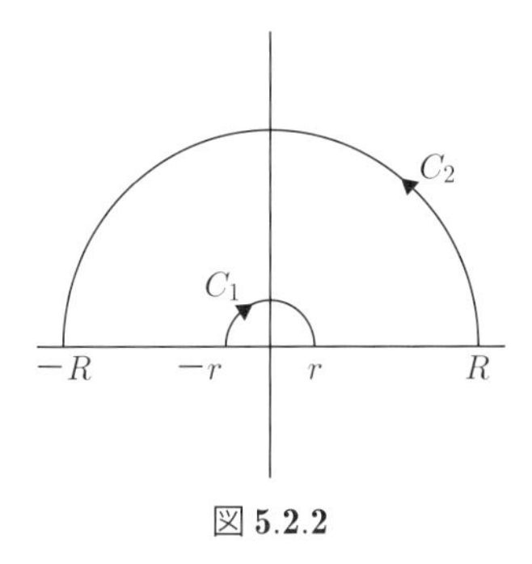

図 **5.2.2**

[Answer]

$\sin z$ は上半面での振る舞いが複雑であるため，対応する複素積分として

$$\oint_C \frac{e^{iz}}{z}dz$$

を考えます．積分路としては，被積分関数が原点で極をもつため，図 5.2.2 に示すように原点を半径 r の小さな半円で避けるような積分路をとることにします. このとき, 複素積分の値は積分路内に特異点がないため0です. したがって,

$$0 = \oint_C \frac{e^{iz}}{z}dz = \int_{-R}^{-r} \frac{e^{ix}}{x}dx + \int_{C_1} \frac{e^{iz}}{z}dz + \int_r^R \frac{e^{ix}}{x}dx + \int_{C_2} \frac{e^{iz}}{z}dz$$

この式の右辺第 1 項で x のかわりに$-x$ とすれば

$$\int_r^R \frac{e^{ix}-e^{-ix}}{x}dx + \int_{C_1} \frac{e^{iz}}{z}dz + \int_{C_2} \frac{e^{iz}}{z}dz = 0$$

すなわち,

$$2i\int_r^R \frac{\sin x}{x}dx = -\int_{C_1}\frac{e^{iz}}{z}dz - \int_{C_2}\frac{e^{iz}}{z}dz$$

となります．一方，C_1 に沿った積分は $z = re^{i\theta}$ とおいて

$$-\int_{C_1}\frac{e^{iz}}{z}dz = -\int_\pi^0 \frac{\exp(ire^{ir\theta})}{re^{i\theta}}ire^{i\theta}d\theta = -\int_\pi^0 i\exp(ire^{ir\theta})d\theta$$

となりますが，$r \to 0$ の極限では

$$-\int_{C_1}\frac{e^{iz}}{z}dz \to = -i\int_\pi^0 d\theta = \pi i$$

です．また，C_2 に沿った積分はジョルダンの補助定理から $R \to \infty$ の極限で 0 になります．以上をまとめれば

$$\int_0^\infty \frac{\sin x}{x}dx = \frac{\pi}{2}$$

が得られます．

Example 5.2.5

次の定積分の値を求めなさい．

$$\int_0^\infty \frac{x^{\alpha-1}}{1+x}dx \quad (0 < \alpha < 1)$$

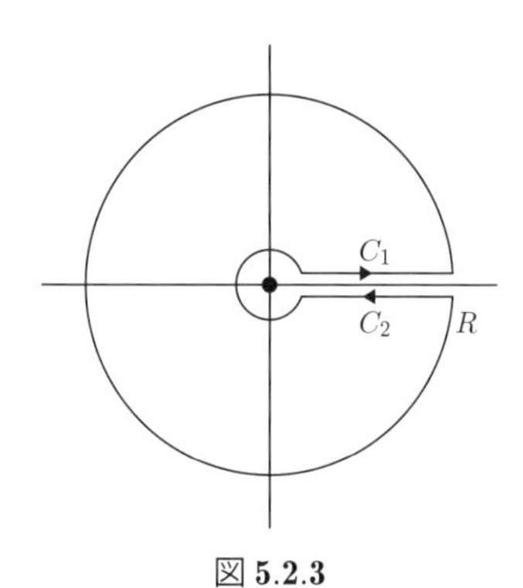

図 **5.2.3**

[Answer]

図 5.2.3 のような積分路に沿って複素積分

$$\oint_C \frac{z^{\alpha-1}}{1+z}dz$$

を考えます．$z^{\alpha-1}$ は α が整数でないとき多価関数ですが，図の C_1 で実数 $x^{\alpha-1}$ となるような分岐で考えます．このとき，図の C_2 上では

$$(xe^{2\pi i})^{\alpha-1} = x^{\alpha-1}e^{2\pi(\alpha-1)i}$$

となります．したがって，

$$\begin{aligned}
&\int_{C_1} \frac{z^{\alpha-1}}{1+z}dz + \int_{C_2} \frac{z^{\alpha-1}}{1+z}dz \\
&= \int_r^R \frac{x^{\alpha-1}}{1+x}dx + e^{2\pi(\alpha-1)i}\int_R^r \frac{x^{\alpha-1}}{1+x}dx \\
&\quad \to (1-e^{2\pi(\alpha-1)i})\int_0^\infty \frac{x^{\alpha-1}}{1+x}dx
\end{aligned}$$

となります．一方，$|z| = R$ に対して

$$\left|\int_{C_R} \frac{z^{\alpha-1}}{1+z}dz\right| \sim 2\pi R \cdot R^{\alpha-2} \to 0 \quad (R\to\infty)$$

であり，また $|z| = r$ に対して

$$\left|\int_{C_r} \frac{z^{\alpha-1}}{1+z}dz\right| \sim 2\pi r \cdot r^{\alpha-1} = 2\pi r^\alpha \to 0 \quad (r\to 0)$$

が成り立ちます．さらに，複素積分の被積分関数は $z=-1$ に 1 位の極をもち，の点における留数は $e^{\pi i(\alpha-1)}$ です．以上のことをまとめれば

$$\int_0^\infty \frac{x^{\alpha-1}}{1+x}dx = \frac{2\pi i e^{\pi i(\alpha-1)}}{1-e^{2\pi i(\alpha-1)}} = \frac{\pi}{\sin\pi\alpha}$$

となります．

Problems　　Chapter 5

1. 次の関数の特異点とその点における留数を求めなさい.

(a) $\dfrac{z}{2z-i}$　(b) $\dfrac{z-1}{(z^2-16)(z-2)}$　(c) $\operatorname{cosec} z$　(d) $\dfrac{e^{z^2}}{z^5}$

2. 次の積分の値を留数定理を用いて求めなさい.

(a) $\displaystyle\int_C \frac{1}{z(z+1)^2}dz \quad (C : |z| = 2)$

(b) $\displaystyle\int_C \tan 2z dz \quad (C : |z| = 2)$

(c) $\displaystyle\int_C \frac{z}{1-z^3}dz \quad (C : |z| = 4)$

3. 次の定積分の値を求めなさい.

(a) $\displaystyle\int_0^{\pi} \frac{d\theta}{1+\sin^2\theta}$

(b) $\displaystyle\int_0^{2\pi} \frac{d\theta}{1+a\sin\theta} \quad (|a| < 1)$

4. 次の定積分の値を求めなさい.

(a) $\displaystyle\int_{-\infty}^{\infty} \frac{dx}{(x^2+1)^3}$

(b) $\displaystyle\int_0^{\infty} \frac{x\sin x dx}{x^2+1}$

Appendix A

2次元ポテンシャル流れと関数論

流体の運動を記述するための基本的な量に流れの速度 $\vec{v}$ があります．速度はベクトル量なので2次元では2つの成分をもっています．そこで x 成分を u, y 成分を v と記すことにします．

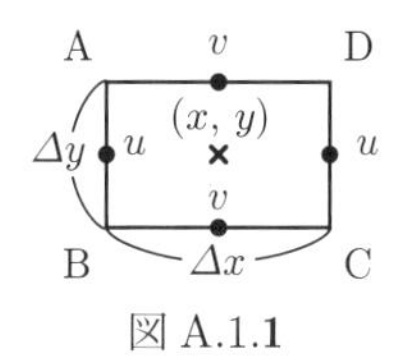

図 A.1.1

物理の基本法則に**質量保存法則**がありますが，この法則を式で表してみます．図 A.1.1 に示すように流体内に1辺の長さが Δx と Δy の微小な長方形 ABCD を考え，その中心の座標を (x,y) とします．以下，簡単のため流体の密度は1とします．この長方形の辺 AB を通して単位時間に流入する流体の質量は，AB にあった流体が単位時間後に $u\times 1$ 移動することから

$$\text{密度}\times\text{体積}=1\times AB\times u=u(x-\Delta x/2,y)\Delta y$$

です．同様に辺 CD を通して流出する質量は $u(x+\Delta x/2,y)\,\Delta y$ です．したがって，単位時間に x 方向から流入する正味の質量は

$$\begin{aligned}&(u(x-\Delta x/2,y)-u(x+\Delta x/2,y))\Delta y\\&=\left(u(x,y)-\frac{\Delta x}{2}\frac{\partial u}{\partial x}+O((\Delta x)^2)-u(x,y)-\frac{\Delta x}{2}\frac{\partial u}{\partial x}-O((\Delta x)^2)\right)\Delta y\\&=-\frac{\partial u}{\partial x}\Delta x\Delta y+O((\Delta x)^2\Delta y)\end{aligned}$$

となります．次に辺 BC を通して単位時間に長方形内に流入する質量は，$v(x,y-\Delta y/2)\,\Delta x$ であり，流出する質量は $v(x,y+\Delta y/2)\,\Delta x$ であるため，y 方向からの正味の流入量は

$$-\frac{\partial v}{\partial y}\Delta y\Delta x+O((\Delta y)^2\Delta x)$$

となります．質量保存則から長方形に入った流体はそのまま出ていくため，正味の流入は 0，すなわち，上の 2 つの式を足したものは 0 になるため，

$$\frac{\partial u}{\partial x}+\frac{\partial v}{\partial y}=0 \tag{A.1.1}$$

が得られます（高次の微小量は無視）．この式は**連続の式**とよばれています．

連続の式は

$$u=\frac{\partial \psi}{\partial y}\ ,\ v=-\frac{\partial \psi}{\partial x} \tag{A.1.2}$$

を満足する関数 ψ によって恒等的に満足されますが，この関数 ψ は**流れ関数**とよばれています．

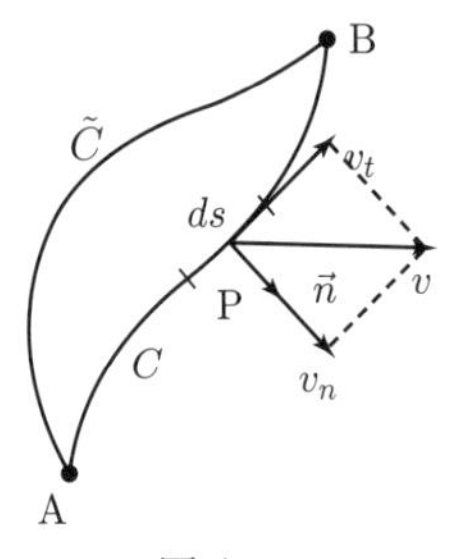

図 A.1.**2**

次に流れ関数の意味を考えます．図 A.1.2 に示すように流れ場の中に 2 点 A，B をとり，A と B を結ぶひとつの曲線 C を考え，C を単位時間に横切る流体の体積（**流量**）を求めてみます．C 上の点 P における流速を $\vec{v}$ とし，$\vec{v}$ を曲線の法線方向成分 v_n と接線方向成分 v_t に分解したとき，P を含む微小な線素 ds をとおって単位時間にとおり過ぎる流量は

$$1\times v_n ds$$

です．ここで 1 は単位時間の意味で，v_n との積は長さになります．点 P での単位法線ベクトルを $\vec{n}$ とすれば，$\vec{n}=(dy/ds,-dx/ds)$ です，このとき v_n は

$$v_n=\vec{v}\cdot\vec{n}=u\frac{dy}{ds}-v\frac{dx}{ds}$$

となるため，AB を単位時間に通り過ぎる流量は

$$\int_C v_n ds = \int_A^B \left(\frac{\partial\psi}{\partial y}\frac{dy}{ds} + \frac{\partial\psi}{\partial x}\frac{dx}{ds}\right) ds$$
$$= \int_A^B d\psi = \psi_B - \psi_A \qquad \text{(A.1.3)}$$

です．ただし式(A.1.2) を用いています．この式は点 A と点 B での流れ関数の差が AB を結ぶ曲線を単位時間にとおりすぎる流量と等しいことを意味しています．

流れ場の中に流れ関数の等高線を描くと，その曲線上の２点での流れ関数の差は 0 であるため，流体はその曲線を横切りません．すなわち流体はその曲線に沿って流れることになるため，**流線**とよばれます．

粘性を考えない，あるいは無視できる流れでは

$$u = \frac{\partial\phi}{\partial x}, \qquad v = \frac{\partial\phi}{\partial y} \qquad \text{(A.1.4)}$$

で定義される**速度ポテンシャル**とよばれる量 ϕ が存在することが知られています．そして，速度ポテンシャルをもつ流れを**ポテンシャル流れ**といいます．式(A.1.4) からポテンシャル流れに対して**渦度**（物理的には流体の微小部分の回転）とよばれる物理量

$$\omega = \frac{\partial v}{\partial x} - \frac{\partial u}{\partial y} \qquad \text{(A.1.5)}$$

を計算すると 0 になります．したがって，ポテンシャル流れは，**渦なし流れ**ともよばれます．

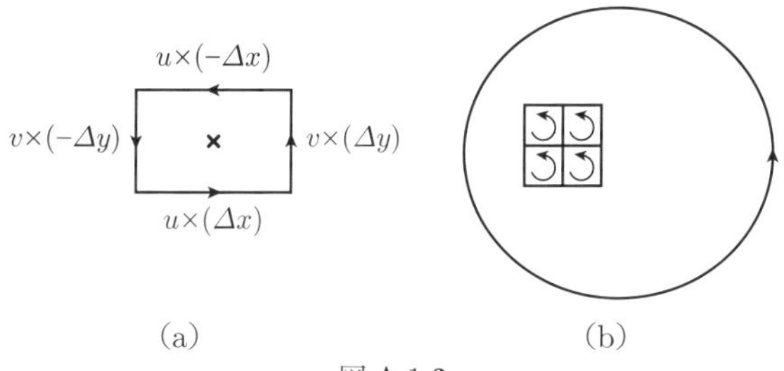

図 A.1.**3**

図 A.1.3（a）の領域で渦度に微小長方形の面積$\Delta x\,\Delta y$を掛けると

$$\left(\frac{\partial v}{\partial x}-\frac{\partial u}{\partial y}\right)\Delta x\Delta y \sim \frac{v(x+\Delta x/2,y)-v(x-\Delta x/2,y)}{\Delta x}\Delta x\Delta y$$
$$-\frac{u(x,y+\Delta y/2)-u(x,y-\Delta y/2)}{\Delta x}\Delta x\Delta y$$
$$=v(x+\Delta x/2,y)\Delta y+u(x,y+\Delta y/2)(-\Delta x)$$
$$+v(x-\Delta x/2)(-\Delta y)+u(x,y-\Delta y/2)\Delta x$$

となります．これは微小長方形において，接線方向の速度に辺の長さを掛け合わせて反時計まわりに一周足し合わせたもの（このとき長方形の上辺と左辺は負の量と考えます）であり，微小循環とよぶことにします．ポテンシャル流れではωが 0 なので微小循環は 0 になります．

さて式(A.1.3) と式(A.1.4) から，

$$\frac{\partial\phi}{\partial x} = \frac{\partial\psi}{\partial y}\ \ (=u)\,, \qquad \frac{\partial\phi}{\partial y} = -\frac{\partial\psi}{\partial x}\ \ (=v) \tag{A.1.6}$$

が得られます．

ここで，速度ポテンシャルを実数部に，流れ関数を虚数部にもつ複素関数

$$w=\phi+i\psi \tag{A.1.7}$$

wを考えます．このとき式(A.1.6) はwが正則関数であることを意味するコーシー・リーマンの方程式になっています．

式(A.1.7) をzで微分すれば

$$\frac{dw}{dz} = \frac{\partial\phi}{\partial x}+i\frac{\partial\psi}{\partial x} = u-iv \tag{A.1.8}$$

となり速度成分が得られるため，wは**複素速度ポテンシャル**，またdw/dzは**複素速度**とよばれます．

次に，曲線Cに沿って複素速度を積分してみます．式(A.1.7) より$dw=d\phi+i\psi$であるため

$$\int_A^B \frac{dw}{dz}dz = \int_A^B d\phi+i\int_A^B d\psi$$

の第 1 項は

$$\int_A^B d\phi = \int_A^B \left(\frac{\partial\phi}{\partial x}dx + \frac{\partial\phi}{\partial y}dy\right)$$
$$= \int_A^B (udx + vdy) = \int_A^B \vec{v}\cdot d\vec{r}$$

となるため，この項は曲線 C に沿って接線速度を積分したものです．また，第 2 項は C を通りすぎる単位時間あたりの流量になっています．

特に C が閉曲線の場合には

$$\oint_C \frac{dw}{dz}dz = \oint_C d\phi + i\oint_C d\psi \equiv \Gamma(C) + iQ(C) \tag{A.1.9}$$

と書いて $\Gamma(C)$ のことを曲線 C のまわりの**循環**，$Q(C)$ のことを**わき出し**とよんでいます．

$\Gamma(C)$ はまた C の内部にある微小循環を足し合わせたものと考えられます．なぜなら，図 A.1.3（b）においてとなりあった辺の（速度×長さ）は打ち消し合って，外周部分のみ，すなわち $\Gamma(C)$ だけが残るからです．前述のとおりポテンシャル流れでは微小循環は 0 なので循環も 0 です．また密度一定の流れでは図 A.1.2 において $\tilde{C}$ に流入する流量（質量）と C から流出する流量（質量）は等しいため，一周にわたる積分 $Q(C)$ も 0 です．したがって，式(A.1.9）において $dw/dz = f(z)$ とおけば，右辺は 0 であるため

$$\oint_C f(z)dz = 0 \tag{A.1.10}$$

となります．すなわち，コーシーの積分定理は，正則関数が 2 次元の密度一定のポテンシャル流れを表すことから，必然的な結果であったといえます．

以下に，正則関数で表現される流れをいくつか取り上げます．

（1）一様流と直角をまわる流れ

もっとも簡単な正則関数として

$$w = Az \tag{A.1.11}$$

を考えます．

$$A = a + ib, \quad z = x + iy$$

とおけば，式(A.1.11）の虚数部（流れ関数）は

$$\psi \;=\; bx - ay \tag{A.1.12}$$

であり，流線（$\psi=$一定）は図 A.1.4 に示すような直線群になるため，**一様流**とよばれます．

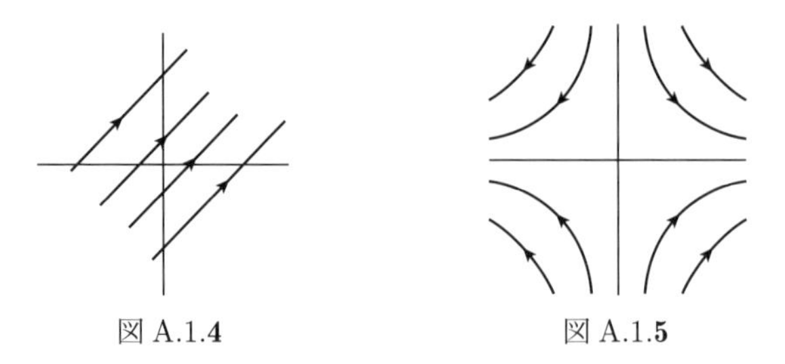

図 A.1.4　　図 A.1.5

次に

$$w = z^2 \tag{A.1.13}$$

が表す流れは，$z = x + iy$ を式(A.1.13) に代入すれば，流れ関数として

$$\psi = 2xy$$

が得られます．そこで流線を図示すれば図 A.1.5 に示すような直角双曲線群になります．これは x 軸および y 軸に関して対称であり，第 1 象限だけを考えれば**直角をまわる流れ**になります．

（2）わき出しと渦糸

対数関数

$$w \;=\; \frac{m}{2\pi}\log z \qquad (m：実定数) \tag{A.1.14}$$

が表す流れを考えます．ただし $z=0$ は特異点であるため除外します．

$z = re^{i\theta}$ とおいて式(A.1.14) に代入すれば

$$w \;=\; \frac{m}{2\pi}\log r \;+\; i\frac{m}{2\pi}\theta$$

となります．したがって流線は

$$\psi \;=\; \frac{m}{2\pi}\theta$$

となるため，図 A.1.6 に示すように原点から放射状にのびる直線になります．

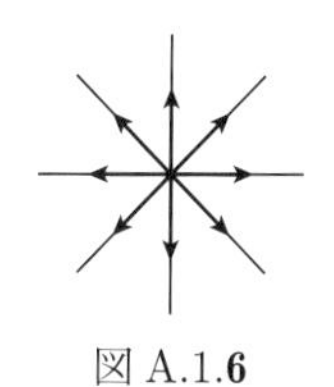

図 A.1.**6**

複素速度は

$$\frac{dw}{dz} = \frac{m}{2\pi z}$$

であるため，原点（特異点）を中心とする円を単位時間に通りすぎる流量は式（A.1.9）から

$$\Gamma(C) + iQ(C) = \oint_c \frac{dw}{dz}dz = \frac{m}{2\pi}\oint_c \frac{1}{z}dz = mi$$

となります．したがって

$$\Gamma(C) = 0, \qquad Q(C) = m$$

です．$m > 0$ のときは流量は正であるため流れは原点からわき出していることになり，逆に $m < 0$ のときには原点に吸い込まれます．このような流れを**わき出し流れ**といいます．m の大きさにより流量が変化するため m をわき出し（吸い込み）の強さとよんでいます．

次に対数関数に純虚数を掛けた

$$w = -i\frac{k}{2\pi}\log z \quad (k：実数) \tag{A.1.15}$$

の表す流れを考えてみます．わき出しのときと同じように z を極座標 $re^{i\theta}$ で表現すれば，複素速度ポテンシャルとして

$$\phi + i\psi = \frac{k}{2\pi}\theta - i\frac{k}{2\pi}\log r$$

が得られます．この式は流線が

$$\psi = -\frac{k}{2\pi}\log r = 一定（したがって\ r = 一定）$$

で表されること，すなわち同心円であることを示しています（図 A.1.7）.

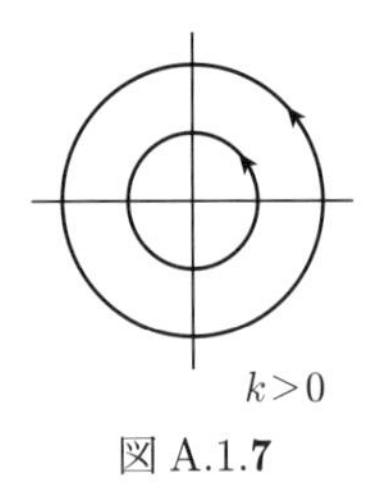

図 A.1.7

流れ関数を用いて周方向の速度を求めれば

$$v_\theta = -\frac{\partial \psi}{\partial r} = \frac{k}{2\pi r}$$

となり，θ によらず一定値をとります．そして $k>0$ のときは反時計まわり，$k<0$ のときは時計まわりの流れになっています．

このように式(A.1.15) で表わされる流れは同心円を描く流れで渦のように見えるため**渦糸**とよばれます．

この流れの循環を求めれば

$$\Gamma(C) + iQ(C) = \oint \frac{dw}{dz} dz = -i\frac{k}{2\pi} \oint \frac{1}{z} dz = k$$

となります．すなわち k は循環の大きさを表しています．ここで循環が 0 でないのは積分路内に原点（特異点）があるからです．

（3）円柱まわりの流れ

$$w = U\left(z + \frac{a^2}{z}\right) \tag{A.1.16}$$

を考えてみます．

式(A.1.16) の虚数部から流れ関数，したがって流線を表す式が求まりますが，ここでは極座標を用いてみます．すなわち，式(A.1.16)に $z = re^{i\theta}$ を代入して，虚数部＝一定とおけば

$$w = U\left(re^{i\theta} + \frac{a^2}{r}e^{-i\theta}\right) = U\left(r + \frac{a^2}{r}\right)\cos\theta + iU\left(r - \frac{a^2}{r}\right)\sin\theta \tag{A.1.17}$$

であるため

$$\psi = U\left(r + \frac{a^2}{r}\right)\sin\theta = 一定$$

が得られます．特に一定値が 0 になるような流線は，上式から

$$\theta = 0, \qquad または \qquad r = a$$

です．前者は x 軸，後者は半径 a の円を表しています．このように式(A.1.16) は円柱および x 軸を流線としているため，原点を中心とした円柱に x 軸に平行な一様流があたった場合の流れ，すなわち**円柱まわりの流れ**を表します．なお，式(A.1.17) の一定値をいろいろ変化させると図 A.1.8 が得られます．

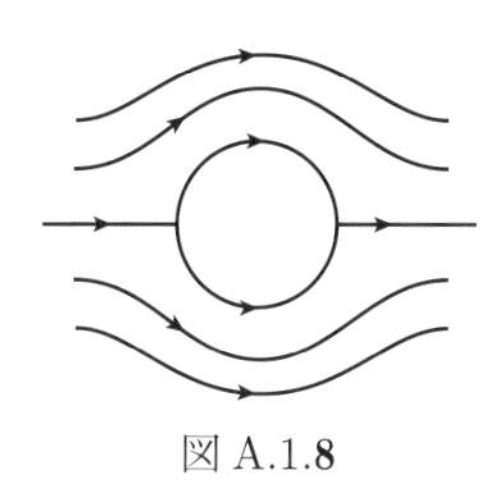

図 A.1.8

Appendix B

コーシーの積分定理のグルサによる証明

正則関数とは微分可能な関数のことであり，本書でとりあげた複素関数論はいわば正則関数の性質についての議論でした．正則な関数には種々の特徴的な性質がありますが，その中でもっとも際立ったものはコーシーの積分定理

$$\oint_C f(z)dz = 0 \tag{B.1.1}$$

です．この定理からコーシーの積分公式が導かれ，それを用いて正則な関数の n 階導関数の存在およびその積分表示が得られました．さらに，$dF(z)/dz = f(z)$ を満たす関数 $F(z)$（不定積分）の存在（したがって，$F(z)$ は正則）も示すことができました．これらのことから，$f(z)$ が 1 回微分可能（すなわち正則）ならば，何回でも微分や積分可能であるという結論も導けました．
しかし，本文で述べたコーシーの積分定理の証明にはグリーンの定理が用いられており，そのとき $f'(z)$ が連続であるということが暗黙のうちに仮定されていました．したがって，厳密には $f(z)$ の正則性（微分可能性）だけを用いたものにはなっていません．

一方，グルサ（Goursat：1858 ～ 1936 フランスの数学者）は $f'(z)$ の連続性を仮定せずにコーシーの積分定理を証明しました．上述のことから，**グルサの証明**には重要な意味があります．グルサの証明を紹介する前に，簡単な準備をします．

Example B.1.1

次式が成り立つことを積分の定義を用いて示しなさい．

(1) $\oint_C dz = 0$　　(2) $\oint_C zdz = 0$

[Answer]

(1) 部分和 S_n は

$$S_n = \sum_{m=1}^{n} \Delta z_m = (z_1 - z_0) + (z_2 - z_1) + \cdots + (z_n - z_{n-1}) = z_n - z_0$$

となりますが，C は閉曲線なので $z_n = z_0$，すなわち $S_n = 0$ です．したがって，$n \to \infty$の極限でも 0 であるため積分は 0 になります．

(2) 部分和を求めるとき，Δz_m における被積分関数の評価点を z_{m-1} とすれば

$$\begin{aligned} S_n &= \sum_{m=1}^{n} z_{m-1} \Delta z_m \\ &= z_0(z_1 - z_0) + z_1(z_2 - z_1) + \cdots + z_{n-1}(z_n - z_{n-1}) \end{aligned}$$

となり，被積分関数の評価点を z_m とすれば

$$S_n = \sum_{m=1}^{n} z_m \, \Delta z_m = z_1(z_1 - z_0) + z_2(z_2 - z_1) + \cdots + z_n(z_n - z_{n-1})$$

となります．これら 2 つの式を足して 2 で割れば

$$S_n = \frac{1}{2}(z_n^2 - z_0^2)$$

となりますが，C は閉曲線なので $z_n = z_0$，すなわち S_n は 0 です．したがって，積分値も 0 になります．

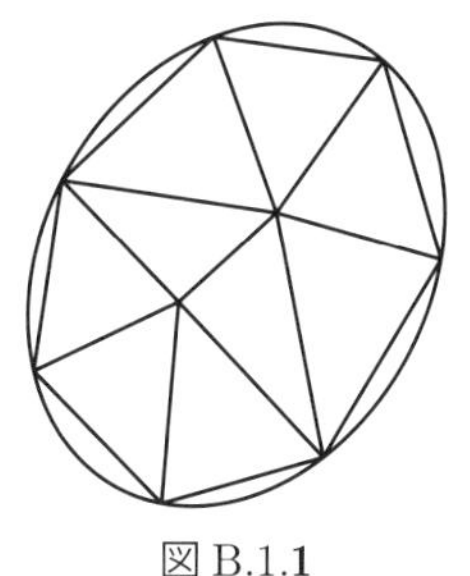

図 B.1.1

さて図 B.1.1 に示すように，閉曲線 C は多角形の周 P で近似できます．厳密には多角形の各辺は直線なので曲線とは一致しませんが，十分に辺の数を増やせば任意の小さな正数 ε を与えたとき C に沿った積分と P に沿った積分の

差の絶対値が ε より小さくできることが証明できます．このことは直感的には明らかですが厳密な証明は複雑なのでここでは省略します．

次に多角形は，同じく図 B.1.1 に示すように，三角形に分割できます．各三角形の周に対して線積分を計算するとき，周を反時計周りにまわると約束します．

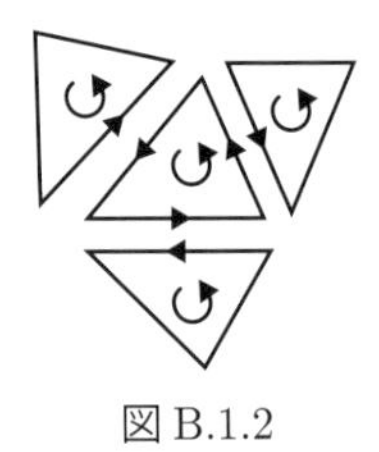

図 B.1.2

このとき，多角形の周を反時計まわりにまわる積分は，これら各三角形の周りの積分の和と一致するすること，すなわち

$$\oint_C f(z)dz = \oint_{\Gamma_1} f(z)dz + \oint_{\Gamma_2} f(z)dz + \cdots + \oint_{\Gamma_N} f(z)dz \tag{B.1.2}$$

が成り立つことがわかります．なぜなら，図 B.1.2 に示すように隣合った三角形において積分方向が必ず逆になるため，右辺の三角形の各辺上の積分は打ち消し合って，残るのは接していない部分，すなわち多角形の辺の部分だけになるからです．

以上のことをまとめれば 1 つの三角形領域に対してコーシーの積分定理が証明できれば任意形状の領域（もちろん $f(z)$ は領域内で正則であるとします）において証明できたことになります．そこで以下にひとつの三角形領域（周を C とする）に対してコーシーの積分定理を証明することにします．

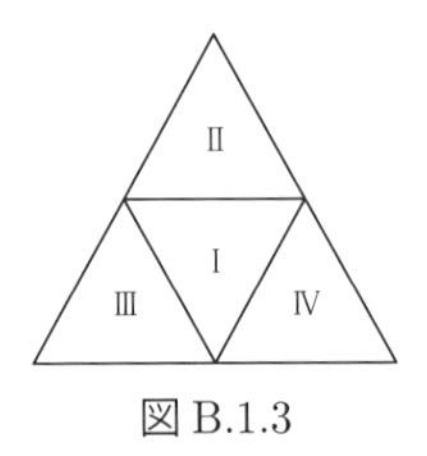

図 B.1.3

図 B.1.3 に示すように C を 4 つの合同な三角形に分割してそれぞれの周を C_{I}，C_{II}，C_{III}，C_{IV}とすると式(B.1.2) のあとで述べたことと同じ理由で

$$\oint_C f(z)dz = \oint_{C_{\text{I}}} f(z)dz + \oint_{C_{\text{II}}} f(z)dz + \oint_{C_{\text{III}}} f(z)dz + \oint_{C_{\text{IV}}} f(z)dz$$

が成り立ちます．ここで右辺の各積分の中で絶対値が最大の三角形の積分路を C_1 と書くことにすれば

$$\left|\oint_C f(z)dz\right| \leq \left|\oint_{C_{\text{I}}} f(z)dz\right| + \left|\oint_{C_{\text{II}}} f(z)dz\right| + \left|\oint_{C_{\text{III}}} f(z)dz\right| + \left|\oint_{C_{\text{IV}}} f(z)dz\right| \leq 4\left|\oint_{C_1} f(z)dz\right|$$

となります．C_1 で囲まれた三角形を上と同様に 4 つの合同な三角形に分けて，それぞれの積分値の絶対値の最大のもの三角形の積分路を C_2 と書けば

$$\left|\oint_C f(z)dz\right| \leq 4\left|\oint_{C_1} f(z)dz\right| \leq 4^2\left|\oint_{C_2} f(z)dz\right|$$

以下，同様に考えれば

$$\left|\oint_C f(z)dz\right| \leq 4^n\left|\oint_{C_n} f(z)dz\right| \tag{B.1.3}$$

が成り立つとともに，三角形の面積は n が 1 増えるごとに 1/4 づつ小さくなります．ここで，これらの小さくなっていく三角形の列のすべてに含まれている点を z_0 と書くことにします．

関数 $f(z)$ は点 $z = z_0$ において微分可能であるため

$$f(z) = f(z_0) + (z - z_0)f'(z_0) + h(z)(z - z_0) \tag{B.1.4}$$

すなわち

$$\left|\frac{f(z) - f(z_0)}{(z - z_0)} - f'(z_0)\right| = |h(z)| \tag{B.1.5}$$

が成り立ちます．ここで，$h(z)$ は，任意の正数 ε に対して，ある正数 Δ が存在して，$|z - z_0| < \Delta$ のとき

$$|h(z)| < \varepsilon \tag{B.1.6}$$

とできるような関数です．

式(B.1.4) を C_n を周にもつような三角形で積分すると

$$\oint_{C_n} f(z)dz = \oint_{C_n} f(z_0)dz + \oint_{C_n} (z-z_0)f'(z_0)dz + \oint_{C_n} (z-z_0)h(z)dz$$
$$= (f(z_0) - z_0 f'(z_0)) \oint_{C_n} dz + f'(z_0) \oint_{C_n} zdz + \oint_{C_n} (z-z_0)h(z)dz$$

となります．ここで，**Example B.1.1** に示したように

$$\oint_{C_n} dz = 0, \qquad \oint_{C_n} zdz = 0$$

が成り立つことを用いると

$$\oint_{C_n} f(z)dz = \oint_{C_n} (z-z_0)h(z)dz \tag{B.1.7}$$

であることがわかります．

n を十分に大きくとれば，C_n を周とする三角形は円 $|z-z_0|<\delta$ の内部に入るようにできます．したがって，C_n の長さを l_n とすれば，C_n 上のすべての点に対して $|z-z_0| \leq l_n/2$ となります．そこで，式(B.1.7) から

$$\left|\oint_{C_n} f(z)dz\right| = \left|\oint_{C_n} (z-z_0)h(z)dz\right| \leq \oint_{C_n} |z-z_0||h(z)|dz < \varepsilon\frac{l_n}{2}l_n = \frac{\varepsilon}{2}l_n^2$$

ここで，もとの三角形の周の長さを l とすれば $l_n = l/2^n$ であることに注意すれば

$$\left|\oint_{C} f(z)dz\right| \leq 4^n \left|\oint_{C_n} f(z)dz\right| < 4^n\frac{\varepsilon}{2}l_n^2 = 4^n \times \frac{\varepsilon}{2} \times \left(\frac{l}{2^n}\right)^2 = \frac{\varepsilon}{2}l^2$$

となります．ここで ε はいくらでも小さくなるため，左辺の積分は 0 になることが証明されました．

Appendix C

問題略解

Chapter 1

1. (a) $z = (2-i)(3-4i) = ((2-i)(3+4i))/((3-4i)(3+4i)) = (2+i)/5 \to \mathrm{Im}(z) = 1/5$
   (b) $z = (1+i)^2/(3-2i) = ((1+2i-1)(3+2i))/((3-2i)(3+2i))$
   $= (-4+6i)/13 \to \mathrm{Re}(z) = -4/13$
   (c) $|(3+4i)/(3+i)| = |3+4i|/|3+i| = \sqrt{25}/\sqrt{10} = \sqrt{10}/2$

2. (a) $z = -3-3i, |z| = \sqrt{9+9} = 3\sqrt{2}, \arg(z) = (5/4+2n)\pi$
   (b) $z = -1+\sqrt{3}i, |z| = \sqrt{1+3} = 2, \arg(z) = (2/3+2n)\pi$
   (c) $z = (1+4i)/(4-i) = i(4-i)/(4-i) = i, |z| = 1, \arg(z) = \pi/2 + 2n\pi$

3. $z_1 = x_1 + iy_1, z_2 = x_2 + iy_2$ とおくと $\bar{z_1}\, z_2 = x_1x_2 + y_1y_2 + i(x_1y_2 - x_2y_1)$
   $z_1z_2 = x_1x_2 - y_1y_2 + i(x_1y_2 + x_2y_1), \mathrm{Re}(z_1z_2) + \mathrm{Re}(\bar{z_1}z_2) = 2x_1x_2 = 2\mathrm{Re}\ z_1\mathrm{Re}\ z_2$

4. $z = x + iy$ とおくと $z(i-1) = -x-y+i(x-y), -\bar{z}\,(1+i) = -(x+y) - i(x-y)$
   $x - y = y - x, \to x = y, \to z = x(1+i), \arg\ z = \pi/4 + 2n\pi$

5. $(左辺)^2 = |(1+x)+iy|^2 = 1 + 2x + x^2 + y^2, (右辺)^2 = 1 + 2\sqrt{x^2+y^2} + x^2 + y^2$
   $(右辺)^2 - (左辺)^2 = 2(\sqrt{x^2+y^2} - x) \geq 0$（等号は $y = 0$ のとき）次に
   $z = z_2/z_1$ とおく．$|1+z_2/z_1| \leq 1+|z_2/z_1| \to |z_2+z_1| \leq |z_1|+|z_2|$

6. (a) $z = x + iy, z^2 = x^2 - y^2 + 2ixy, \mathrm{Re}(z^2) = x^2 - y^2 \geq 1$
   (b) $|z| = r, 1/r \leq 2, r \geq 1/2$
   (c) $z = x + iy$ とおくと, $1 - x = \sqrt{x^2+y^2}, y^2 = -2x + 1$

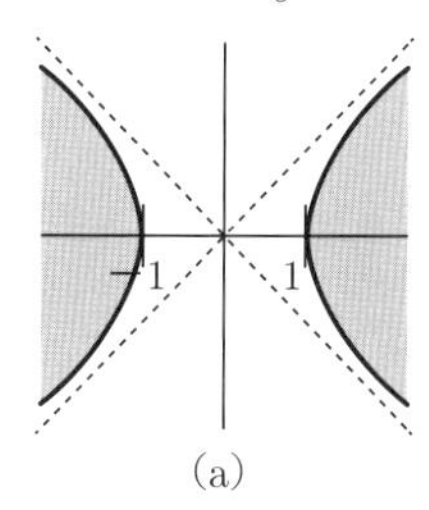

(a)

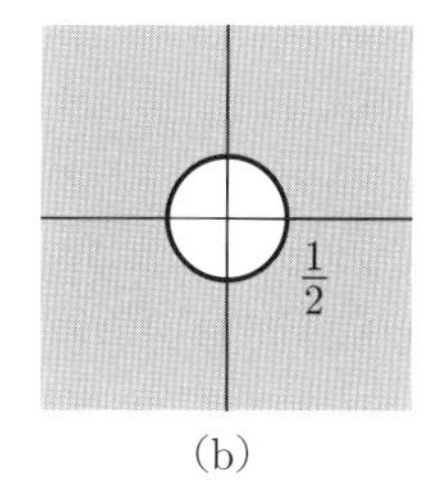

(b)

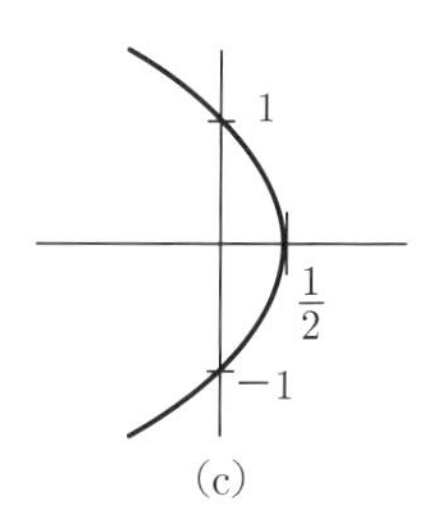

(c)

7. $\cos 4\theta = \mathrm{Re}(\cos\theta + i\sin\theta)^4 = \cos^4\theta - 6\cos^2\theta\sin^2\theta + \sin^4\theta$

Chapter 2

1. (a) $u = \tan^{-1} y/x, v = 0$…正則でない
   (b) $z \neq 2$ で正則
   (c) $u = \sin x \cdot \cosh y, v = \cos x \sinh y, u_x = v_y = \cos x \cosh y,$
   $u_y = -v_x = \sin x \sinh y \rightarrow$ 正則

2. (a) $e^x \cos y = 2, e^x \sin y = 0 \rightarrow$ 第2式から $y = n\pi$, 第1式から $e^x(-1)^n = 2;$
   $n = 2m, x = \log 2, z = \log 2 + 2m\pi i$
   (b) $z^2 = \log 1 = 2n\pi i, z = re^{i\theta}$ とおいて
   $z^2 = r^2 e^{2i\theta} = r^2(\cos 2\theta + i \sin\theta) = 2n\pi i, \cos 2\theta = 0 \rightarrow 2\theta = \pi/2 + m\pi,$
   $\theta = \pi/4 + m\pi/2, r^2 \sin(\pi/2 + m\pi) = r^2(-1)^m = 2n\pi,$
   $n > 0$ のとき m は偶数で
   $r = \sqrt{2n\pi}, 2\theta = \pi/2 + 2k\pi, z = \sqrt{2n\pi}\, e^{(\pi/4+k\pi)i} = \pm\sqrt{2n\pi}\, e^{\pi i/4}$
   同様に $n < 0$ のとき m は奇数で
   $r = \sqrt{-2n\pi}, 2\theta = \pi/2 + (2k+1)\pi, z = \pm\sqrt{-2n\pi}\, e^{3i\pi/4}$

3. (a) $\sin z = (e^{iz} - e^{-iz})/(2i) = (1/2)(e^{-y} + e^y)\sin x - (i/2)(e^{-y} - e^y)\cos x$
   虚部 $= 0$ より $x = \pi/2 + n\pi$ または $y = 0, z = (\pi/2 + n\pi) + ia(a$：任意の実数)
   または $z = b(b$：任意の実数)
   (b) $\cosh z = (e^z + e^{-z})/2 = \{(e^x + e^{-x})\cos y + i(e^x - e^{-x})\sin y\}/2$
   虚部 $= 0$ より $x = 0$ または $y = n\pi, z = ia(a$：任意の実数)
   または $z = b + in\pi(b$：任意の実数)

4. (a) $\tanh(-z) = (e^{-z} - e^z)/(e^{-z} + e^z) = -(e^z - e^{-z})/(e^z + e^{-z}) = -\tanh z$
   (b) $\frac{\tanh z_1 + \tanh z_2}{1 + \tanh z_1 \tanh z_2} = \frac{\sinh z_1 \cosh z_2 + \sinh z_2 \cosh z_1}{\cosh z_1 \cosh z_2 + \sinh z_1 \sinh z_2} = \frac{\sinh(z_1 + z_2)}{\cosh(z_1 + z_2)} = \tanh(z_1 + z_2)$
   (c) $\frac{\tan z_1 + \tan z_2}{1 - \tan z_1 \tan z_2} = \frac{\sin z_1 \cos z_2 + \sin z_2 \cos z_1}{\cos z_1 \cos z_2 - \sin z_1 \sin z_2} = \frac{\sin(z_1 + z_2)}{\cos(z_1 + z_2)}$

5. (a) $z + 1 = w = re^{i\theta} \rightarrow \log w = \log r + i(\theta + 2n\pi) = 1 - i$
   $\log r = 1 \rightarrow r = e;\ \theta = -1, n = 0$ ゆえに $z = ee^{-i} - 1 = e^{1-i} - 1$
   (b) $\cos z = w = re^{i\theta} \rightarrow \log w = \log r + i(\theta + 2n\pi) = 1 \rightarrow r = e, \theta = 0, n = 0$
   $\rightarrow w = e, \cos z = e = (e^{iz} + e^{-iz})/2;\ (e^{iz})^2 - 2ee^{ix} + 1$
   $= 0 \rightarrow e^{iz} = e \pm \sqrt{e^2 - 1} = e^{ix}e^{-y}$
   $x = 2n\pi, y = -\log(e \pm \sqrt{e^2 - 1}) \rightarrow z = 2n\pi - i\log(e \pm \sqrt{e^2 - 1})$

6. (a) $\sqrt{2i} = \sqrt{2e^{(\pi/2 + 2n\pi)i}} = \sqrt{2}e^{(\pi/4 + n\pi)i} \rightarrow \sqrt{2}e^{\pi i/4} = 1 + i$
   (b) $(1 - i)^{2/3} = \left(\sqrt{2}e^{(7\pi/4 + 2n\pi)i}\right)^{2/3} \rightarrow \sqrt[3]{4}\, e^{7\pi i/6}$
   $= \sqrt[3]{4}\left(-1/2 - \sqrt{3}i/2\right) = -\frac{\sqrt[3]{4}}{2}\left(1 + \sqrt{3}i\right)$
   (c) $(1 + i)^i = e^{i\log(1+i)} = e^{i(\log 2 + (\pi/4 + 2n\pi)i)} \rightarrow e^{-(\pi/4 + 2n\pi) + i\log 2}$
   $= e^{-(\pi/4 + 2n\pi)}\left(\cos(\log 2) + i\sin(\log 2)\right)$

Chapter 3

1. (a) $z=e^{i\theta}(0\le\theta\le\pi), dz=ie^{i\theta}d\theta,\ \int_C|z|^2dz=\int_0^\pi ie^{i\theta}d\theta=\left[e^{i\theta}\right]_0^\pi=-2$
   (b) $y=2x-1(0\le x\le 2), z=x+i(2x-1), dz=(1+2i)dx$
   $\int_C \mathrm{Re}\,(z)dz=\int_0^2 x\,(1+2i)\,dx=(1+2i)\left[x^2/2\right]_0^2=2(1+2i)$

2. (a) $\int_{1+i}^{1-i} z^3dz=\left[z^4/4\right]_{1+i}^{1-i}=0$
   (b) $\int_0^i \sinh zdz=[\cosh z]_0^i=\cosh i-\cosh 0=\cos 1-1$
   (c) $\int_{-\pi i}^0 z\cos zdz=[z\sin z]_{-\pi i}^0-\int_{-\pi i}^0\sin zdz=[z\sin z+\cos z]_{-\pi i}^0=1+\pi\sinh\pi-\cosh\pi$

3. (a) 特異点は $z=-1,\ f=\frac{z^3}{z-2}$; $\oint_C\frac{f(z)dz}{z+1}=2\pi if(-1)=2\pi i/3$
   (b) 特異点は $z=2,\ -1$;
   $\oint_C\frac{z^3dx}{(z-2)(z+1)}=\frac{1}{3}\oint_C\frac{z^3dx}{z-2}-\frac{1}{3}\oint_C\frac{z^3dx}{z+1}=(2\pi i/3)2^3-(2\pi i/3)(-1)^3=6\pi i$
   (c) 積分路内の特異点は $z=-1$ だけなので (a) と同じく $2\pi i/3$

4. $\log z$ の不定積分は $z\log z-z$
   (a) $[z\log z-z]_{\exp(0)}^{\exp(2\pi i)}=(2\pi i-1)-(-1)=2\pi i$
   (b) $[z\log z-z]_{\exp(\pi i/2)}^{\exp(-4\pi i+\pi i/2)}=(i\,(-4\pi+\pi/2)\,i-i)-(i\,(\pi/2)\,i-i)$
   $=i\,(-4\pi i)=4\pi$

Chapter 4

1. (a) $1/R=\overline{\lim}|a_n|^{1/n}=\overline{\lim}|n^{-n}|^{1/n}=\overline{\lim}|n^{-1}|=0;\ R=\infty$
   (b) $1/R=\lim|a_{n+1}/a_n|=\lim 2^n(n+1)/(2^{n+1}(n+2))$
   $=\lim(1+1/n)/(2(1+2/n))=1/2;\ R=2$
   (c) $z^2=w$ とおくと$\sum_{n=0}^\infty(-1)^nw^n/(2n)!, 1/R=\lim|(2n)!/(-1)^n\times(-1)^{n+1}/(2n+2)!|$
   $=\lim 1/((2n+1)(2n+2))=0$; w の収束半径が∞なので z の収束半径も $R=\infty$

2. (a) $1/R=\overline{\lim}|a_n/b^n|^{1/n}=(1/b)\,\overline{\lim}|a_n|^{1/n}=1/(br);\ R=br$
   (b) $1/R=\lim|a_{n+1}/a_n|^2=1/r^2;\ R=r^2$
   (c) $\sum_{n=0}^\infty a_nz^{4n}=\sum_{m=0}^\infty b_mz^m$ とおく ; $m=4n$ のとき $b_m=a_n$ それ以外で
   $b_m=0;\ 1/R=\overline{\lim}\,(b_m)^{1/m}=\overline{\lim}|a_n|^{1/(4n)}=r^{-1/4};\ R=r^{1/4}$

3. (a) $1/\sqrt{1-z^2}=1/(1+(-z^2))^{1/2}=1-(1/2)(-z^2)+(1/2!)(1/2)(3/2)(-z^2)^2+\cdots$
   $=1+z^2/2+(z^4/2!)(1\cdot 3)/2^2+\cdots=\sum_{n=0}^\infty(2n)!z^{2n}/(2^{2n}(n!)^2)$
   $\sin^{-1}z=\int_0^z 1/\sqrt{1-t^2}\,dt=z+(1/(2\cdot 3))z^3+\cdots=\sum_{n=0}^\infty(2n)!z^{2n+1}/(2^{2n}(n!)^2(2n+1))$

4. (a) $\sinh(2z)=(2z)/1!+(2z)^3/3!+(2z)^5/5!+\cdots$
   (b) $1/z^2=1/(1-(z+1))^2=(1+(z+1)+(z+1)^2+\cdots)^2$
   $=1+2(z+1)+3(z+1)^2+4(z+1)^8+\cdots$

(c) $\sqrt{z}\int_0^z \frac{t-t^3/3!+t^3/5!-\cdots}{\sqrt{t}}dt = \sqrt{z}\int_0^z (t^{1/2}-t^{5/2}/3!+t^{9/2}/5!-\cdots)dt$
$= 2z^2/3 - 2z^4/(7\cdot 3!) + 2z^6/(11\cdot 5!) - 2z^8/(15\cdot 7!) + \cdots$

5. (a) $1/(z^2(z+3)) = 1/(3z^2)\times 1/(1+z/3) = 1/(3z^2)\times(1-z/3+z^2/3^2-\cdots)$
$= 1/(3z^2) - 1/(3^2z) + 1/3^3 - z/3^4 + \cdots$
(b) $\sin z/(z-\pi)^2 = -\sin(z-\pi)/(z-\pi)^2 = -((z-\pi)-(z-\pi)^3/3!+\cdots)/(z-\pi)^2$
$= -1/(z-\pi) + (z-\pi)/3! - (z-\pi)^3/5! + \cdots$
(c) $z^3e^{-1/z^2} = z^3(1-1/z^2+1/(2!z^4)-\cdots) = z^3 - z + 1/(2!z) - 1/(3!z^2) + \cdots$

6. $1/((1+z)(1-2z)) = (1/(1+z)+2/(1-2z))/3$ を利用する．
(a) $f = \frac{1}{3z}\frac{1}{1+1/z} - \frac{1}{3z}\frac{1}{1-1/(2z)} = ((1-1/z+1/z^2-\cdots)-(1+1/(2z)+1/(2z)^2+\cdots))/(3z)$
$= -1/(2z)^2 + 1/(4z^3) - 3/(8z^4) + 5/(16z^5) - \cdots$
(b) $f = \frac{1}{3}\frac{1}{1+z} - \frac{1}{3z}\frac{1}{1-1/(2z)} = ((1-z+z^2-z^3+\cdots)-(1+1/(2z)+1/(2z)^2+\cdots))/(3z)$
$= (\cdots - 1/(2^2z^3) - 1/(2z^2) - 1 + z - z^2 - \cdots)/3$
(c) $f = (2/(1+2(z+1/2)) + 1/(1-(z+1/2)))/3$
$= \{2/(1+2(z+1/2)) + 1/(1-(z+1/2))\}/3$
$= \{2-4(z+1/2)+8(z+1/2)^2-\cdots+1+(z+1/2)+(z+1/2)^2+\cdots\}/3$
$= 1-(z+1/2)+3(z+1/2)^2-5(z+1/2)^3+\cdots$

Chapter 5

1. (a) 1 位の極 $z = i/2, \lim_{z\to i/2} z(z-i/2)/(2z-i) = i/4$
(b) 1 位の極 $z = 2, \pm 4$; $\mathrm{Res}(2) = -1/12, \mathrm{Res}(4) = 3/16, \mathrm{Res}(-4) = 5/48$
(c) $\lim_{x\to 0}(z/\sin z) = \lim_{x\to 0}(z/(z-z^3/3!+\cdots)) = 1$
(d) $e^{z^2}/z^5 = (1+z^2+z^4/2+\cdots)/z^5 = 1/z^5+1/z^3+1/(2z)+\cdots \to 1/2$

2. (a) $\oint_C = 2\pi i(\mathrm{Res}(0)+\mathrm{Res}(-1)) = 2\pi i(1-1) = 0$
(b) $I = \oint \tan 2z dz = 2\pi i(\mathrm{Res}(\pi/4)+\mathrm{Res}(-\pi/4))$; $2(z-\pi/4) = w$ とおいて
$\mathrm{Res}(\pi/4) = \lim_{z\to i/4}(z-\pi/4)\sin(2z)/\cos(2z) = -\lim_{w\to 0}(w/2)\times\cos w/\sin w = -1/2$
同様に $\mathrm{Res}(-\pi/4) = -1/2$; $I = 2\pi i(-1/2-1/2) = -2\pi i$
(c) $I = 2\pi i(\mathrm{Res}(1)+\mathrm{Res}(\omega)+\mathrm{Res}(\omega^2)) = 2\pi i(-1/3-1/(3\omega)-\omega/3) = 0$

3. (a) $\int_\pi^{2\pi}\frac{d\theta}{1+\sin^2\theta} = \int_0^\pi \frac{d\xi}{1+\sin^2\xi}$; ($\xi = \theta-\pi$) より
$\int_0^\pi \frac{d\theta}{1+\sin^2\theta} = \frac{1}{2}\int_0^{2\pi}\frac{d\theta}{1+\sin^2\theta} = \frac{1}{2}\oint_C \frac{dz}{iz\left(1+(z-1/z)^2/(2i)^2\right)}$
$= \frac{2}{i}\oint_C \frac{zdz}{(2z-z^2+1)(2z+z^2-1)} = 4\pi(\mathrm{Res}(1-\sqrt{2}) + \mathrm{Res}(-1+\sqrt{2}))$
$= 4\pi(1/(8\sqrt{2}) + 1/(8\sqrt{2})) = \sqrt{2}\pi/2$
(b) $I = \oint_C \frac{2}{1+a(z-1/z)/2i}\frac{dz}{2iz} = \frac{2}{a}\oint_C \frac{dz}{z^2+2iz/a-1} = \frac{4\pi i}{a}\mathrm{Res}\left(\left(-1+\sqrt{1-a^2}\right)i/a\right) = \frac{2\pi}{\sqrt{1-a^2}}$

4. C として図 5.2.1 の積分路をとる．
(a) $\oint_C \frac{dz}{(z^2+1)^3} = 2\pi i\mathrm{Res}(i) = \pi i \lim_{z\to i}\frac{d^2}{dz^2}\frac{1}{(z+i)^3} = \frac{3\pi}{8}$
(b) $I = \frac{1}{2}\int_{-\infty}^{\infty}\frac{x\sin x dx}{x^2+1} = \frac{1}{2}\mathrm{Im}\oint_C \frac{ze^{iz}dz}{z^2+1} = \frac{1}{2}\mathrm{Im}\, 2\pi i\mathrm{Res}(i)$
$= \frac{1}{2}\mathrm{Im}(2\pi i \lim_{z\to i} ze^{iz}/(z+i)) = \pi/(2e)$

Index

あ

位数　*56*
1 次関数　*16*
一様流　*76*
一般のべき関数　*25*
渦糸　*78*
渦度　*73*
渦なし流れ　*73*
円柱まわりの流れ　*79*
オイラーの公式　*17*

か

ガウス平面　*2*
加法定理　*19*
幾何級数　*47*
逆関数の微分法　*12*
共役複素数　*1*
極形式　*3*
虚数単位　*1*
虚数部　*1*
虚部　*1*
グルサの証明　*80*
広義積分　*63*
合成関数の微分法　*12*
コーシー・アダマールの方法　*44*
コーシーの積分公式　*39*
コーシーの積分定理　*32*
コーシー・リーマンの方程式　*14*
孤立特異点　*55*

さ

3 価関数　*22*
三角関数　*18*
指数関数　*16*
実数部　*1*
実部　*1*
質量保存法則　*71*
周回積分　*59*
収束円　*43*
収束半径　*43*
主値　*3*
循環　*75*
純虚数　*1*
除去可能な特異点　*56*
ジョルダンの補助定理　*66*
真性特異点　*56*
正則関数　*12*
絶対収束　*7*
絶対値　*3*
絶対値級数　*7*
線積分　*31*
双曲線関数　*20*
速度ポテンシャル　*73*

た

対数関数　*23*
対数関数の主値　*23*
代数的分岐点　*22*
対数分岐点　*24*
多価性　*22*
ダランベールの方法　*44*
調和関数　*15*
直角をまわる流れ　*76*
導関数　*12*
特異点　*51*

な

流れ関数　*72*
2 価関数　*22*

は

発散　*6*
微分可能　*12*
微分積分学の基本定理　*28*
複素関数　*8*, *29*, *37*
複素関数のテイラー展開　*46*
複素級数　*6*
複素数　*1*
複素数列　*6*
複素積分　*29*
複素速度　*74*
複素速度ポテンシャル　*74*
複素平面　*2*
不定積分　*36*

部分和　*6*
分数べき関数　*21*
べき級数　*7, 43*
偏角　*3*
ポテンシャル流れ　*73*

ま

無限遠点　*3*

や

有理関数　*16*

ら

リーマン面　*22*
留数　*59*
留数定理　*60*
流線　*73*
流量　*72*
零点　*3*
連続の式　*72*
ローラン展開　*53*
ローラン展開の主要部　*56*

わ

わき出し　*75*
わき出し流れ　*77*

Notice

インデックス出版

https：//www.index-press.co.jp/

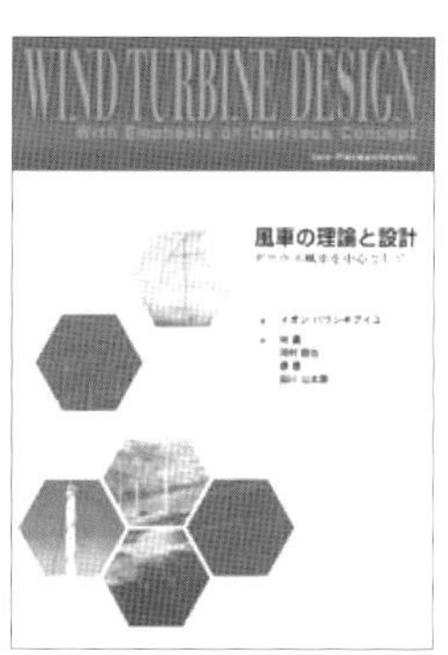

風車の理論と設計
ダリウス風車を中心とした垂直軸風車の解説

定　　価　￥8,800 ＋税
ページ数　512（カラー 4 ページ）
サ イ ズ　B5
著　　者　イオン・パラシキブイユ
翻　　訳　林 農（鳥取大学）河村 哲也（お茶の水女子大学）
　　　　　原 豊（鳥取大学）田川公太朗（鳥取大学）

書籍の紹介

垂直軸風車の設計者、待望の翻訳！　ダリウス風車の専門書
地球温暖化、そして化石燃料資源の枯渇は、環境関連の会社の設立と相まって、環境にやさしい再生可能な代替エネルギー源の発展に我々の注意を向けさせてきた。風力は過去５年間、毎年４０％を越える目覚しい発達を遂げてきたが、環境への好ましい影響によって経済的潜在力が補われるという理由から、世界における最も成長の速い代替エネルギーになっている。

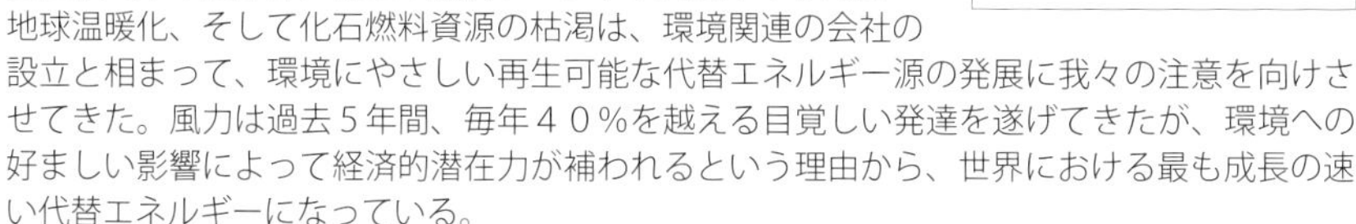

風車は、垂直軸型であろうが水平軸型であろうが、風力を機械的あるいは電気的エネルギーに変換する現実的な手段を提供する。
本書は、ダリウス風車の概念に基づいた垂直軸型風車の空気力学的な設計や性能評価に焦点があてられているが、水平軸型風車と垂直軸型風車の比較、設計における将来的な動向、そして代替エネルギー源として風力が内在的にもつ社会経済と環境にやさしい側面についても議論している。
本書は、機械工学や航空工学関連の学生や教員、大学や公的機関あるいは企業の研究者・技術者、また風車の設計や風力の発展のための理論的、計算的、実験的研究に携わる全ての研究者にとって大いに価値のある本になるであろう。

著者紹介

イオン パラシキブイユ　（モントリオール工科大学教授／ルーマニア出身）
ダリウス垂直軸風車の空気力学的性能に関する際立った理論的な寄与により、風力エネルギー業界において著名な研究者。 本書で述べられている風車の性能計算に対するコンピュータプログラムは、風車の設計や垂直軸型風車の現地試験の評価の補助といった目的で 多くの関係者に使われ続けている。

目次

1．風力エネルギー
2．鉛直軸風車の技術の現状
3．ダリウス風車の概念
4．空力性能予測モデル
5．非定常空気力学 CFD モデル
6．二重多流管モデルー実際的な設計モデル
7．空力荷重と性能試験
8．ダリウス風車に関する革新的な空力装置
9．ダリウス風車の設計に於ける将来動向
10．容認可能性、環境と風力エネルギーの社会性

鮮やかな影とコウモリ

定　　価　¥2,800＋税
ページ数　478（ハードカバー）
サ イ ズ　A5
著　　者　アクセル・ブラウンズ
訳　　者　浅井晶子

書籍の紹介

ドイツでベストセラーになった自閉症者による自伝。

本文の一部をインデックス出版のホームページ
http://www.index-press.co.jp/books/psychology/kage.htm
から、ごらんいただけます。

目次

プロローグ
幼年期
　二歳二か月～三歳四か月
　三歳十か月～四歳〇か月
　四歳一か月～五か月
　四歳六か月～八か月
　四歳十か月～五歳〇か月
　五歳一か月～七か月
　五歳十一か月～六歳二か月
少年期
　六歳一か月～二か月
　六歳三か月～六か月
　六歳十か月～七歳三か月
　七歳四か月～六か月
　八歳〇か月～六か月
　八歳九か月～十か月
　九歳〇か月～一か月
　九歳八か月～十歳一か月
　十歳一か月～十一歳〇か月
　十一歳一か月～十一か月
　十一歳十一か月～十三歳一か月
　十三歳三か月～十四歳六か月
思春期
　十四歳八か月
　十四歳八か月～十か月
　十四歳十一か月～十五歳二か月
　十五歳二か月～六か月
　十五歳六か月～十六歳一か月
　十六歳一か月～三か月
　十六歳八か月～十七歳〇か月
　十七歳〇か月～五か月
　十七歳五か月
　十七歳六か月～八か月
　十七歳八か月～十か月
　十七歳十一か月～十八歳〇か月
　十八歳一か月～五か月
　十八歳九か月～十一か月
　十九歳一か月
　十九歳一か月
　十九歳二か月～五か月
　十九歳六か月～九か月
エピローグ

書評

石堂　藍（文芸評論家）「本の雑誌」2005年4月号より抜粋

この作品で著者がなしているのは、文学における根源的な営みであって、自閉症への理解を求めたり、無理解な世間と戦う自分の内面を描いたりすることではないのだ。それゆえにこの作品は『詩的』という評価を受けているのであり、私もその評価は正当なものだと思う。詩的言語を通じて自閉症者の内面に触れ、つかのまその世界を共有することは、それが一般人の錯覚であるにせよ驚くべきことだ。一人でも多くの人に、この不思議な感覚を味わってほしいと思う。

自閉症を理解するための優れた著作

佐々木正美（川崎医療福祉大学）

私のような仕事をしている者にとりましては、とりわけ学ぶべきことの多い優れた著作であることは、疑いのないことのように感じました。

自分の見解が間違いだとわかった

香山リカ（精神科医）『すばる』2005年5月号より抜粋

おそらく彼らは“心の繊毛”の生えている部分が一般の人たちとは少し違うのだろう。私たちが見逃すものを、彼らはとらえる。そして、私たちがことさらに感じるものを彼らはあっさり受け流す。それはひとつのはっきりした「違い」ではあるが、決して「優劣」ではない。

自閉症者の内面世界への洞察を可能にする

2003年1月『脳と精神』誌より

これは自閉症者の自伝である。そしてそれは、ほとんど詩的とさえいえるすばらしい言葉を駆使したものである。自閉症者自身による自閉症の記述は非常にまれである。しかも明らかに第三者の手を借りずに書かれたものだ。本書は謎に満ちた自閉症という世界にいる人間の思考方法への親密な洞察を我々に可能にする

驚異的な記憶力で描いた自伝

2003年4月7日「フランクフルター・ルントシャウ」紙より

《暖房》は彼に《挨拶し》、《ドアノブ》が彼の《注意を引く》。けれど彼にとってほかの人間を知覚することは難しかった。彼らの顔には「まるで舗装されたばかりの道路のように」蒸気がたちこめている。アクセル・ブラウンズは自身の内面世界を描いた「鮮やかな影とコウモリ」で、一躍有名になった。 ブラウンズは、この小説を純粋に記憶からのみつくられた「百パーセントの自伝です」と言う。作者の記憶力は、本人の弁によれば「怪物なみ」なのだ。

他者の雑音、自閉症の世界からの豊かな響き

2003年6月『Literaturkritik.de』誌より

アクセル・ブラウンズの「鮮やかな影とコウモリ」は、言葉の通じない外国にいて、人の言葉が雑音、騒音としか聞こえない、例えるならばそんな自閉症の体験をつづった本だ。しかしそれは一時的なエピソードではなく、深い生の感覚である。 ブラウンズは、自身の殻にとじこもった子供時代から、自立した大学生になるまでの月日を、障害者の手記としてではなく、豊かな言葉を使った散文として描写した。この本のなかで彼が認識を獲得していく過程は、言葉を獲得していく過程でもある。

「詩的自閉症」は、文学作品の傑作である

2003年1月『社会精神医学』誌より

アクセル・ブラウンズの子供時代と少年時代は、他者を知覚し他者の中でうまく生きていくことの困難に満ちていた。その体験を文学に昇華した作品である。 ブラウンズは言葉に対して特別な関係を構築する。彼は独自の言葉を発明し、それらの言葉がこの本を芸術作品に高め、彼の異質なパースペクティヴを非常に詩的に明らかにする。 ブラウンズがある朗読会で語ったところによれば、彼がその著書のなかで伝えたかったもっともすばらしい発見は、ズィルトのある通りの名前が三種類の異なるスペルで書かれているということだった。

【著者紹介】

河村 哲也（かわむら てつや）

お茶の水女子大学 大学院人間文化創成科学研究科　教授（工学博士）

コンパクトシリーズ数学（すうがく）　複素関数（ふくそかんすう）

2020年1月30日　初版第1刷発行

著　者　河　村　哲　也

発行者　田　中　壽　美

発行所　インデックス出版

〒191-0032　東京都日野市三沢 1-34-15

Tel 042-595-9102　Fax 042-595-9103

URL：http://www.index-press.co.jp

Printed in Japan　ISBN978-4-910058-04-7　C3041　乱丁，落丁本はお取替えいたします．